精品菜点实践手册

PRACTICE HANDBOOK OF CLASSICAL COOKED FOOD AND PASTRY

旅游管理职业教育等级分级改革课题组

中国旅游出版社

旅游管理职业教育等级分级
改革课题组

组　长：王美萍

副组长：许荣华　姜　慧

组　员：郭晓赓　修　宇　田　彤

　　　　乔支红　高　山

前　言

《精品菜点实践手册》是北京市职业教育分级制改革试验项目的成果之一。餐饮管理职业教育分级以完成核心职业功能所需要的工作能力分析为基础，反映行业对餐饮管理的资格要求及相应的能力标准，共分为Ⅴ级。菜品推介是餐饮管理职业教育Ⅳ级的一门理论与实践并重的课程。其主要目标是培养学生成为具有菜品推介能力的餐饮行业高级应用型人才。可根据就餐者的不同特点和个性化需求等，综合运用营养、烹饪、食品原材料知识，为消费者正确介绍菜品和推荐菜品，引导消费。

本实践手册是菜品推介课程的配套教材，从每个经典菜品出发，使学生不仅了解常见经典菜品所使用的烹饪原料，掌握相关的膳食营养知识，而且熟知常见菜肴的制作方法、风味及营养特点，为消费者正确介绍与推荐营养菜品，从而使学生在今后的工作中能够正确引导消费者的餐饮消费行为，为消费者提供优质服务。

本实践手册适用于餐饮服务、餐饮管理本专科学生使用，同时也适合对中西式菜点知识感兴趣的人士阅读。

《精品菜点实践手册》编写组

2015.7

目录
CONTENTS

第一篇　菜品推介指导

第一章　菜肴的制作与推介　002

一、炒制菜肴的制作与推介　002
（一）鱼香肉丝　002
（二）宫保鸡丁　005
（三）蚝油牛肉　008
（四）爆炒菊花胗　012
（五）麻婆豆腐　014

二、煮制菜肴的制作与推介　017
（一）意大利面配波兰酱　017
（二）豌豆汤　020
（三）水波蛋配荷兰少司　022

三、煎制菜肴的制作与推介　025
（一）黑胡椒牛排　025
（二）绿胡椒煎鱼排　027
（三）中式煎牛柳　030
（四）沙茶酱煎牛肉串　032
（五）柠檬汁煎鸡胸　035

四、蒸制菜肴的制作与推介 038
（一）豉汁蒸元贝 038
（二）剁椒蒸鲢鱼头 041

五、炸制菜肴的制作与推介 043
（一）英式炸鱼条配马乃司酱 043
（二）果汁脆皮鱼卷 046
（三）鱼香脆皮茄盒 049
（四）菠萝咕噜肉 052
（五）糖醋鱼片 055
（六）软炸蔬菜 058
（七）酥炸鱿鱼圈 061
（八）脆皮香酥鸡腿 063

六、烤制菜肴的制作与推介 066
（一）洛林咸肉塔 066
（二）焗牡蛎 068
（三）奶汁烤鱼 071
（四）叉烧酱烤鸡翅 073

七、焖制菜肴的制作与推介 075
（一）焖比目鱼佐白酒汁 075
（二）红酒汁焖猪排卷 078

八、炖制菜肴的制作与推介 080
（一）清炖狮子头 080
（二）竹荪炖乌鸡 083
（三）干菜笋炖肉 085
（四）无锡排骨 088

九、烩制菜肴的制作与推介 090
（一）红酒烩牛肉 090
（二）西湖莼菜羹 093
（三）鸡茸粟米羹 095
（四）酸辣乌鱼蛋汤 098

第二章　面点的制作与推介 101

一、水调面坯的面点制作与推介 101
（一）花色蒸饺 101
（二）烫面炸糕 104
（三）腐乳排叉 107

二、膨松面坯的面点制作与推介 109
（一）桃酥 109
（二）椰蓉盏 111
（三）法式棍面包 114
（四）胡萝卜蛋糕 116
（五）泡芙 119

三、层酥面坯的面点制作与推介 121
（一）小鸡酥 121
（二）绿茶酥 124
（三）叉烧酥 126
（四）牛角面包 129

四、米制面坯的面点制作与推介 132
（一）虾肠粉 132
（二）艾窝窝 134

五、杂粮类面点制作与推介 137
（一）芸豆卷 137
（二）甜卷裹 139
（三）南瓜饼 142
六、甜点制作与推介 144
（一）焦糖布丁 144
（二）提拉米苏 147
（三）蛋白杏仁饼（马卡龙） 150

第二篇　考　核

第三章　制作与服务卫生考核 154
一、考核目的 154
二、考核方法 154
三、考核要求 154
四、考核地点 154
五、考核内容与评分表 155
六、考核参考答案 157
第四章　烹饪原料特点与营养考核 159
一、考核目的 159
二、考核方法 159
三、考核要求 159
四、考核地点 159

五、考核内容与评分表 160
六、考核题库与参考答案 160

第五章 菜点推荐考核 194

一、考核目的 194
二、考核方法 194
三、考核要求 194
四、考核地点 194
五、考核内容与评分表 195
六、考核题库与参考答案 196

第一篇

菜品推介指导

第一章 菜肴的制作与推介

一、炒制菜肴的制作与推介

（一）鱼香肉丝

1. 菜肴原料

（1）菜肴原料组成

表 1-1 鱼香肉丝的原料组成表

类别	原料	类别	原料	原料
主料	猪通脊肉 200g	调料	黄酒 50g	姜汁 10g
			深色酱油 50g	胡椒粉 10g
			绿豆淀粉 20g	植物烹调油 50g
配料	冬笋 100g		食盐 5g	葱姜丝 20g
	木耳 100g		泡辣椒 50g	大蒜蓉 20g
	黄瓜 100g		豆瓣辣酱 50g	醪糟 20g

（2）主料原料特点

本菜品涉及的主料为通脊肉。猪外脊肉通常称为通脊肉，在背骨外部，各有两条。肉中无筋，是猪肉中最嫩的一部分。水分含量多，脂肪含量低，肌肉纤维细小，炸、熘、炒、爆等烹调方法都适合。

（3）主料卫生要求

新鲜的猪通脊肉具有如下特点：肌肉有光泽，呈均匀的淡红色；外表微干或微湿润，不黏手；指压后的凹陷立即恢复；具有新鲜猪肉的正常气味；煮沸后的肉汤透明澄清，具有香味。

由于肉类属高蛋白易腐食品，初加工后的主料应采用低温放置

（−4℃～0℃）备用。如果在室温下放置，放置的温度以10℃以下为宜，并放在阴凉、通风、干燥处，但也不宜放置太久。若主料未用完，应将其包装后冷冻贮藏（−18℃），且不宜与其他肉类食品放在一起，应隔开贮藏，以防交叉污染。

2. 菜肴制作

（1）制作步骤

步骤1　将猪肉清洗干净，控净水分，采用原料下部出片的平刀法和直刀切的方法加工成长约7cm、粗约0.2cm的细肉丝形状。应顺着肌肉纤维的纹路切割，以保持肉丝的成型力度，防止肉丝断裂。

步骤2　将冬笋的老皮片除，选切加工整理干净，采用上片和直刀切的方法，加工成长度约为5cm、粗细程度约0.2cm的笋丝，清洗干净；木耳经过摘洗加工干净，切成同样的丝状；配菜经过水焯处理之后控净水分备用。新鲜的冬笋中含有较多的草酸，采用焯水方法可以降低草酸及涩味。

步骤3　将鸡蛋清、干玉米淀粉、清水（冷却）、食盐、胡椒粉、姜汁、黄酒、深色酱油一起搅拌均匀调制成蛋清粉浆。将肉丝分放入其中，调拌均匀，加入少量的油脂封闭原料的水分，使原料之间润滑分离，放入冰箱冷藏室中，强化猪肉的嫩化程度。在腌制猪肉丝的过程中要注意控制食盐的使用量，因为食盐会破坏肉质的渗透压，会造成肌肉组织汁液渗出。腌制形成三成的咸味底口即可。姜汁中的蛋白酶具有嫩化肌肉组织以及增强鲜味的作用。为了提高肉的嫩化程度，添加的水分、液体调料等一般要控制在猪肉质量的30%～50%。

步骤4　将炒锅中放入少量烹调油，将制作调理好的辣酱煸炒至透出香气，形成红润的油脂，烹入黄酒、酱油、米醋、肉汤，加入白糖、食盐，烧开汤汁调制成香辣咸甜酸的复合味型，淋入水淀粉增稠处理，放入主料和配菜，颠炒数下，炒制均匀及时出锅即可。

步骤5　炒锅中留有少量底油，将葱、姜丝等小料煸炒至透出香气，再将经过热处理的肉丝和冬笋丝倒入锅中颠炒数下，加入调制好的鱼香汁翻炒均匀，及时出锅即可。

步骤6 选择洁净的圆形平餐盘，将菜肴堆积盛入盘中，进行必要的点缀。

（2）制作关键点

其一，肉丝上浆，滑油。

其二，火候与口味调制。

（3）菜肴成品特点

菜品整体形态丰满突出，口味香辣咸甜微酸，细嫩爽脆，肉丝细嫩芳香，酱汁黏稠明亮，色泽红润，红黄绿色相间。

3. 菜肴营养

（1）菜肴的营养标签

表1-2 鱼香肉丝营养标签

项目	每100g	NRV%
能量	129kcal	6%
蛋白质	7.0g	12%
脂肪	8.3g	14%
胆固醇	13mg	4%
碳水化合物	7.4g	2%
膳食纤维	1.4g	6%
钠	952mg	48%
钙	32mg	4%
钾	167mg	8%
维生素A	36μgRE	4%
维生素B_1	0.14mg	10%
维生素B_2	0.07mg	5%
维生素C	0.6mg	1%
维生素E	8.9mg	64%
磷	167mg	8%
铁	3.0mg	20%
锌	1.11mg	7%

（2）菜肴的营养特点

该菜肴是一道蛋白质较丰富、低胆固醇且脂肪含量不高的荤菜，还含有丰富的维生素 E、铁和较丰富的维生素 B_1，以及一定量的锌、钾、磷和膳食纤维。

不足之处是该菜肴提供钠太高，其原因与采用的多种调味品有关，宜降低盐和酱油、辣酱的使用量。

（3）菜肴的推荐人群

该菜肴适宜多种人群，老年人、孕妇、贫血患者等均宜食用，但因具有一定的辣味，乳母和儿童应少食用。

（二）宫保鸡丁

1. 菜肴原料

（1）菜肴原料组成

表 1-3　宫保鸡丁的原料组成表

类别	原料	类别	调料	调料
主料	鸡胸肉　200g	调料	干辣椒　10g	黄酒　20g
			花椒　12g	绿豆淀粉　30g
			细辣椒粉　10g	食盐　10g
配料	去皮花生米　30g		花生酱　10g	香葱　20g
			白糖　20g	生姜　30g
			米醋　20g	植物烹调油　50g

（2）主料原料特点

本菜品主料为鸡肉。鸡肉蛋白质含量（肉和皮）为 21.5%，脂肪含量约为 2%，脂肪熔点低（33℃ ~ 44℃），很容易被人体吸收利用。鸡肉还含有维生素 E，由于维生素 E 具有抗脂肪氧化作用，故一般鸡肉可在 −18℃的环境中冷藏一年不致腐败。鸡肉中还富含铁等矿物质，以及对人体生长发育有重要作用的磷脂类，是中国人膳食结构中脂肪和磷脂的重要来源之一。

（3）主料卫生要求

新鲜的鸡胸肉具有如下特点：切面光洁；肌肉有光泽，呈淡红色，且富有弹性；表面微湿且不黏手；具有鸡肉应有的正常气味。

鸡肉属于高营养易腐食品，初加工后的主料应低温放置（−4℃ ~ 0℃）备用。如果在室温下放置，放置的温度以 10℃以下为宜，并放在阴凉、通风、干燥处，但也不宜放置太久。若主料未用完，应将其包装、冷冻贮藏（−18℃），贮藏时不宜与其他肉类食品一起，应隔开贮藏，以防交叉污染。

2. 菜肴制作

（1）制作步骤

步骤 1 将鸡肉经过基础加工，整理清洗干净，去掉筋膜、油脂，切成约为 1.2cm 的方丁，整齐均匀、大小一致。香葱切成葱花。

步骤 2 将花生米用开水浸泡至表皮发皱之后，及时剥去外皮，晾干水分，放入到温油中炸至酥脆，外表呈金黄色，之后滤去油脂，摊开冷却备用。

步骤 3 在切割好的鸡肉丁中加入酱油、黄酒、食盐、湿淀粉、胡椒粉、姜汁等调料，腌制搅拌均匀，密封后放入冷却的环境之中静置待用。

步骤 4 在容器中放入酱油、花生酱、黄酒、米醋、食盐、鸡清汤、白糖、湿淀粉等调料，充分混合，调制成咸鲜清香、呈褐红色的复合味型粉质芡汁。

步骤 5 往炒锅中注入烹调油，烧至二三成热度，放入鸡肉迅速划散翻炒，倒入漏勺中沥油。

步骤 6 将油烧至三成热度，放入花椒，炒出香味后捞出，再放入干辣椒，煸炒至金黄酥脆，放入滑熟的鸡肉，下入葱花、辣椒粉一同煸炒，烹入事先调制好的复合芡汁，迅速颠翻，炒至滋味融合，及时离火出锅。

步骤 7　选择圆形平餐盘，将鸡肉盛入盘中，撒上酥脆的花生米，进行必要的点缀装饰。特别提示：过早放入花生米，会因为芡汁中的水分失去酥脆的质感。

（2）制作关键点

其一，炸制花生米时要及时搅动，避免颜色不匀。炸制后的花生米要摊开迅速降温。其二，辣椒粉过早放入油脂中加热会形成焦煳，晚放则不能散发出香辣之气。

（3）菜肴成品特点

成品口味香辣浓郁，咸鲜微有甜酸，酱汁黏稠清亮、呈微黄色、红黄绿色相间。鸡肉柔软滑嫩，花生米酥脆香浓，颜色棕红，有少量红色油脂渗出，汁芡紧紧包裹原料。

3. 菜肴营养

（1）菜肴的营养标签

表 1-4　宫保鸡丁营养标签

项目	每100g	NRV%
能量	262kcal	13%
蛋白质	11.0g	18%
脂肪	17.5g	29%
胆固醇	35mg	12%
碳水化合物	17.9g	6%
膳食纤维	2.8g	11%
钠	929mg	47%
钙	34mg	4%
钾	275mg	14%

项目	每100g	NRV%
维生素 A	79μgRE	10%
维生素 B_1	0.07mg	5%
维生素 B_2	0.10mg	7%
维生素 C	0.8mg	1%
维生素 E	5.75mg	41%
磷	123mg	18%
铁	2.2mg	15%
锌	0.91mg	6%

（2）菜肴的营养特点

该菜肴富含蛋白质、维生素 E，以及较丰富的磷、铁、钾、膳食纤维、维生素 A，同时也含有一定量的维生素 B_2、锌等。丰富的蛋白质既来自于动物又来自于植物，营养价值较高。但该菜肴脂肪和钠含量均较高，烹饪时需注意减少烹饪用油和调味品的使用量。

（3）菜肴的推荐人群

适宜多种人群，非常适合正在生长发育的儿童及老年人食用。高温工作者可适当多食用，经常用脑的人群也宜经常食用。该菜肴因脂肪含量较高，减肥人群宜少食用。

（三）蚝油牛肉

1. 菜肴原料

（1）菜肴原料组成

表1-5　蚝油牛肉的原料组成表

类别	原料	类别	原料	原料
主料	新鲜的精瘦牛肉　200g	调料	黄酒　50g	白胡椒粉　10g
			深色酱油　10g	蚝油　50g
			玉米淀粉　20g	牛清汤料　50g
配料	绿芦笋　100g		蛋白　20g	蛋白酶嫩肉粉　10g
	青椒　50g		食盐　10g	
	葱头　50g		葱姜汁　20g	

（2）主料原料特点

本菜品涉及的主料为精瘦牛肉。牛肉肌肉组织粗糙紧密，初步加工后蛋白质凝固收缩，使肉变得更难咀嚼，因此需要长时间地加热，如焖、卤、酱、烧、炖等是常用的加工方法，为改变牛肉的质地，在加工制作过程中可以采取一定的措施来提高牛肉的嫩度，如烹调前使用木瓜蛋白酶，破坏肉质中的胶原纤维和弹性纤维，使其嫩度获得提升。

（3）主料卫生要求

新鲜的精瘦牛肉具有如下特点：肌肉有光泽，呈均匀的鲜红色；外表微干或有风干膜，触摸时不黏手；指压后的凹陷立即恢复，富有弹性；具有新鲜牛肉的特有正常气味；煮沸后的肉汤透明澄清，具有香味。

由于肉类属高蛋白易腐食品，切割加工好的牛肉如不能及时烹饪，应尽可能放在阴凉、干燥、通风良好、清洁的室内，室温以10℃以下为宜，且不能靠墙着地放置，与墙壁、地面应保持一定距离，也不宜放置太久，如暂时不用，可包装后放于冰箱中冷藏。

2. 菜肴制作

（1）制作步骤

步骤1 将牛肉去除碎肉、剔除筋膜、选割整理，清洗干净，控净血水。之后将牛肉逆着肌肉纤维的纹理，切成厚度为0.3cm、长为4cm、宽为3cm的片形。

步骤2 将青椒和葱头清洗干净，控净水分之后，切成三角形的片状备用。

步骤3 使用鸡蛋清、干玉米淀粉、冰水、食盐、黄酒、葱姜汁、老抽、蛋白酶嫩肉粉混合均匀，调制成红色的蛋清粉浆，将牛肉渗出的血水控净，放入蛋清粉浆中，轻轻地搅拌摔打，使牛肉腌渍入味，充分吸收水分之后，拌入少量植物油混合搅拌均匀，密封之后放在冷却的环境之中静置 10 分钟，使肉质充分结合粉浆。

步骤 4 将黄酒、食盐、葱姜汁、白胡椒粉、牛清汤、蚝油、白糖等调料加在一起混合制成颜色棕红、口味咸鲜浓郁的复合味型酱汁。

步骤 5 将锅烧热之后，注入适量的净油，加热达到二三成，将上好浆的牛肉下入锅中划散划熟，之后连同青椒、葱头一起倒入漏勺中沥去油脂。

（2）制作关键点

A. 选用经过安全检疫、排酸排毒处理的牛肉进行烹调使用，肉质不宜在水中长时间浸泡和反复漂洗。选肉加工过程发现脂肪瘤和血污必须清理干净。B. 蔬菜加工一定要做到先洗后切，最大限度地保持原料中的营养物质和鲜味物质。葱头中含有挥发性的油脂，对眼睛有刺激作用，加工前先将葱头浸泡在水中可以减弱刺激作用。C. 因为苏打对营养物质具有一定的破坏作用，容易形成苦涩的滋味，所以不宜使用苏打腌制牛肉。木瓜蛋白酶嫩肉粉是一种良好活性生物酶，能够帮助人体分解肉类食物。精瘦牛肉的吃水量较大，打水过多易造成肉质软烂，失去牛肉的弹性感觉。D. 滑油所用的油量要宽余，锅要热要润滑。牛肉要均匀分散下锅，防止相互粘连。

（3）菜肴成品特点

成品口味香辣浓郁，咸鲜回味甜酸，酱汁黏稠清亮、呈金黄色。鸡肉柔软滑嫩，花生米酥脆香浓，有少量红色油脂渗出，汁芡紧紧包裹鸡肉，清爽利落。

3. 菜肴营养

（1）菜肴的营养标签

表1-6 蚝油牛肉营养标签

项目	每100g	NRV%
能量	147kcal	7%
蛋白质	8.6g	14%
脂肪	9.0g	15%
胆固醇	39mg	13%
碳水化合物	6.7g	2%
膳食纤维	0.7	3%
钠	771mg	39%
钙	12mg	2%
钾	138mg	7%
维生素 A	9μgRE	1%
维生素 B_1	0.03mg	2%
维生素 B_2	0.06mg	5%
维生素 C	13.8mg	14%
维生素 E	1.11mg	8%
磷	99mg	14%
铁	0.9mg	6%
锌	1.71mg	11%

（2）菜肴的营养特点

是一道荤素搭配、营养较丰富的菜肴，含有较丰富的蛋白质、磷、锌等，因搭配了芦笋、青椒等富含维生素 C 的原料，该菜肴含有较丰富的维生素 C，还含有一定量的钾、维生素 E、铁等。同时该菜肴的脂肪含量和胆固醇含量不高。

（3）菜肴的推荐人群

该菜肴适宜多种人群，老人、儿童、减肥人群、高血压患者、高脂血症患者均可食用。

（四）爆炒菊花肫

1. 菜肴原料

（1）菜肴原料组成

表1-7　爆炒菊花肫的原料组成表

主料		调料		
	新鲜鸭肫 200g		黄酒 30g	白胡椒粉 10g
			玉米淀粉 20g	植物烹调油 50g
			食盐 10g	葱花 20g
			香油 10g	姜米 20g
			米醋 20g	蒜蓉 20g
			鸡粉 20g	

（2）主料原料特点

本菜品主料为鸭肫。鸭肫即鸭胃，形状扁圆，质地韧脆、细密，无油腻感，适用于炸、炒、烧、卤、拌等烹调方法。鸭肫的主要营养成分有碳水化合物、蛋白质、脂肪、烟酸、维生素C、维生素E和钙、镁、铁、钾、磷、钠、硒等矿物质。其中铁元素含量较丰富，中医认为，鸭肫性味甘咸平，有健胃之效。

（3）主料卫生要求

新鲜的鸭肫具有如下特点：外表呈紫红色或红色，表面富有弹性和光泽，质地厚实；不新鲜的鸭肫为黑红色，表面无弹性和光泽，肉质松软。

如果购买的是冷冻鸭肫，可直接放冰箱冷冻室内保存，如果是新鲜的鸭肫，则最好尽快食用完毕。如果需要保鲜几天，可以将鸭肫收拾干净，加入料酒和少许盐拌匀，用保鲜袋包裹好，放入冰箱冷藏室内冷藏保存即可。

2. 菜肴制作

（1）制作步骤

步骤1　选用新鲜鸭肫，摘去表面脂皮、油脂、筋膜，用食盐和白醋反复搓洗，去除黏液及腥味，控净水分。

步骤2　片除鸭肫内壁坚硬的皮膜，在肉质上剞上菊花形花刀，用清水浸泡、漂洗、清除腥味，控净水分。

步骤 3　使用黄酒、食盐、香油、米醋、清汤（猪肉骨）、白胡椒粉、湿淀粉等调制成咸鲜味型的复合调味芡汁。

步骤 4　将胗花放入热油之中，迅速分散出水，断生至熟，及时滤去水分。

步骤 5　在炒锅中使用植物烹调油将葱花、姜米、蒜蓉迅速炒香，立即放入滑熟的胗花。烹入调制好的芡汁，迅速翻拌炒制融合，将汁包裹住原料即可。

步骤 6　将成熟菜肴整齐地堆放在餐盘中间，简单装饰点缀即可。

（2）制作关键点

A. 鸭胗要清洗干净，去除异味。B. 油爆菜肴成品采用抱汁芡增稠。C. 烹制过程要灵活掌握火候，鸭胗火候过则不脆，不足则不熟。

（3）菜肴成品特点

菜品花刀成形自然，成品色泽金黄明亮，香气浓郁，咸鲜清淡，微有酸辣香气，鸡胗肉质口感爽滑清脆。

3. 菜肴营养

（1）菜肴的营养标签

表 1-8　爆炒菊花胗营养标签

项目	每100g	NRV%
能量	227kcal	11%
蛋白质	9.5g	16%
脂肪	16.6g	28%

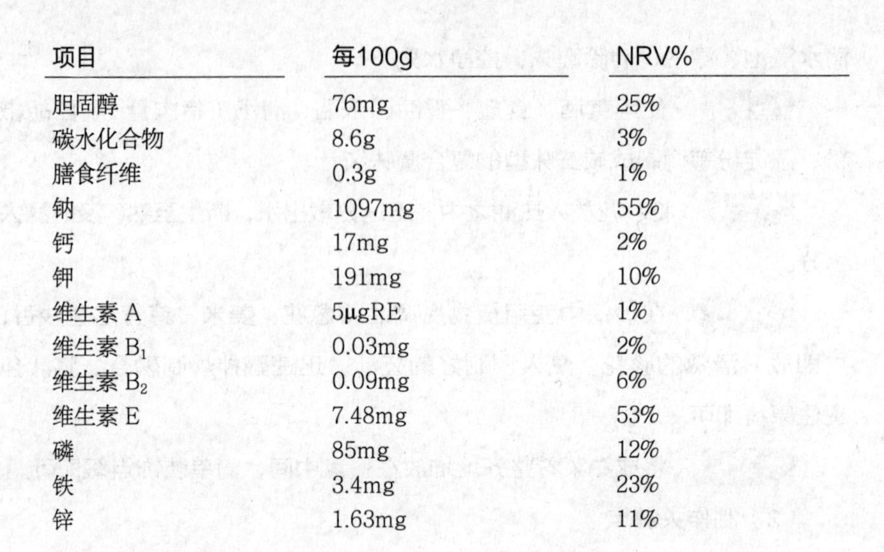

项目	每100g	NRV%
胆固醇	76mg	25%
碳水化合物	8.6g	3%
膳食纤维	0.3g	1%
钠	1097mg	55%
钙	17mg	2%
钾	191mg	10%
维生素 A	5μgRE	1%
维生素 B_1	0.03mg	2%
维生素 B_2	0.09mg	6%
维生素 E	7.48mg	53%
磷	85mg	12%
铁	3.4mg	23%
锌	1.63mg	11%

（2）菜肴的营养特点

该菜肴富含铁和维生素 E，同时富含蛋白质、钾、磷、锌和一定量的维生素 B_2 等。

（3）菜肴的推荐人群

该菜肴适合正在生长发育的儿童、孕中后期妇女、乳母以及贫血患者食用。由于该菜肴钠的含量过高以及脂肪含量偏高，高血压人群请谨慎食用，老年人宜少食用。

（五）麻婆豆腐

1. 菜肴原料

（1）菜肴原料组成

表1-9　麻婆豆腐的原料组成表

类别	原料	类别	原料	原料
主料	南豆腐　200g	调料	黄酒　20g	四川郫县豆瓣酱　50g
			深色酱油　20g	永川豆豉　20g
			土豆湿淀粉　20g	植物烹调油　20g
辅料	牛肉　30g		食盐　10g	
	青蒜或细香葱　20g		花椒粉　10g	

（2）主料原料特点

本菜品的主料为南豆腐。南豆腐又称石膏豆腐，它使用的成型剂是石膏液。与北豆腐相比，南豆腐色泽白，质地比较软嫩、细腻。水分含量高，鲜嫩，比较适合做汤。

（3）主料卫生要求

新鲜的南豆腐具有如下特点：色泽洁白或微黄；切面光洁、整齐、无拉丝；手指触摸不黏手，按压后凹陷恢复快，富有弹性；具有豆腐特有的豆香味，无明显的馊味和异味。

因豆腐属高蛋白易腐食品，家庭中如果购买散装的南豆腐，应立即食用，不宜保存太久。如果购买盒装的南豆腐，可于冰箱冷藏室内保存，并在保质期内尽快食用。

2. 菜肴制作

（1）制作步骤

步骤 1 将牛肉末中渗出的血水控净清除。

步骤 2 将清洗干净控净水分的青蒜，放在清洁的砧板上切成细小的粒形。

步骤 3 将豆腐清洗干净，切成 1.6cm 见方的方块状，浸泡在冷水中，并防止形体挤压破损。然后进行焯水加热处理，清除豆腥异味，漂洗干净，清水浸泡存放。

步骤 4 豆瓣酱与醪糟、豆豉、蒜蓉混合研磨粉碎，加工成红色的辣酱。炒锅中放入少量的植物油，将葱、姜、蒜与牛肉末一同煸香，加入辣酱继续煸炒融出红油，烹入黄酒，加入牛肉基础汤汁，然后加入酱油、食盐、白糖等，旺火烧开后，转小火加盖烧制 5 分钟。

步骤 5 将烧制加热豆腐的汤汁烧开，确定好颜色、口味和数量，边晃动炒锅边淋入土豆水淀粉，轻轻搅动对汤汁进行增稠处理，使黏稠的汤汁与豆腐相互融为一体。

步骤6 选择预热过的洁净深盘，将豆腐与酱汁堆积盛入盘中，配合

花椒粉和青蒜食用（或撒在菜品的表面），而后进行必要的点缀装饰即可。

（2）制作关键点

A. 要选择使用经过安全检疫，以及排酸排毒处理的新鲜牛肉。可以事先使用油脂煸炒脱水形成香酥口感；特别提示：切割豆腐时的手法要轻巧，以保持豆腐形态完整。B. 将四川郫县豆瓣酱与醪糟、大葱、生姜、植物油、大蒜等混合均匀，经过粉碎加工成细腻的红色辣酱。以酱汁多种复合的味型来丰富豆腐清淡的口味。C. 保持豆腐形态完整需用中小火力进行加热。勾芡的水淀粉在锅中要迅速分散，可以分两次逐渐进行增稠处理。菜肴中的油脂数量过多，会影响酱汁的黏附能力。

（3）菜肴成品特点

豆腐形体完整无破碎，成品菜肴口味浓香辣麻、咸鲜微甜，调味酱汁颜色红润明亮，有少量油脂析出，调味酱汁较为黏稠，菜肴汤汁温度要保持在 90℃ ~ 100℃。

3. 菜肴营养

（1）菜肴的营养标签

表1-10　麻婆豆腐营养标签

项目	每100g	NRV%
能量	143kcal	7%
蛋白质	6.2g	10%
脂肪	9.2g	15%
胆固醇	4mg	1%
碳水化合物	10.6g	4%
膳食纤维	1.4g	5%
钠	976mg	49%

项目	每100g	NRV%
钙	36mg	5%
钾	168mg	8%
维生素 A	45μgRE	6%
维生素 B_1	0.02mg	2%
维生素 B_2	0.06mg	5%
维生素 E	5.52mg	39%
磷	77mg	11%
铁	3.9mg	26%
锌	0.94mg	6%

（2）菜肴的营养特点

该菜肴是营养密度较高的菜肴，除含有较丰富的蛋白质外，还富含锌、铁、磷、钾、维生素 A、维生素 E，以及较丰富的膳食纤维。其中，丰富的蛋白质和一定量的维生素 A，能够促进菜肴中铁的吸收。不足之处是该菜肴含钠太高，其原因与采用的多种调味品有关，宜降低盐、酱油和辣酱的用量。

（3）菜肴的推荐人群

该菜肴适宜多种人群食用，特别适合减肥人群、高脂血症人群食用。老年人、孕妇也适宜食用。但因含钠高，高血压患者宜少食用。

二、煮制菜肴的制作与推介

（一）意大利面配波兰酱

1. 菜肴原料

（1）菜肴原料组成

表 1-11　意大利面配波兰酱的原料组成表

类别	原料	类别	原料	原料
主料	意大利面　150g	调料	番茄酱　100g	芹菜　20g
			蒜　5g	盐　适量
			洋葱　20g	胡椒粉　适量
配料	牛肉馅　100g		奶酪粉　5g	辣酱油　5g
			杂香草　3g	橄榄油　适量
			胡萝卜　20g	

（2）主料原料特点

本菜品涉及的主料为意大利面。意大利面，又称为意粉，意大利面的起源，有的说是源自古罗马，也有的说是由马可·波罗从中国经由西西里岛传至整个欧洲。作为意大利面的法定原料，杜兰小麦是最硬质的小麦品种，具有高密度、高蛋白质、高筋度等特点。其制成的意大利面通体呈黄色，耐煮、口感好。意大利面的形状也各不相同，除了普通的直身粉外还有螺丝形的、弯管形的、蝴蝶形的、贝壳形的，林林总总数百种。加拿大、欧盟和美国是杜兰小麦的主要产地，此外，土耳其和叙利亚也出产可观的杜兰小麦。全世界每年出产 4000 万吨杜兰小麦，大部分用来制作意大利面。

（3）主料卫生要求

意大利面是一种预包装食品，类似于中国的挂面，含水量低不易腐败变质，但购买时应注意包装上的生产日期及保质期，包装袋应完好无损，若包装有破损。意大利面易吸潮，长时间后会长霉菌。打开包装后，若食用不完，易将包装袋扎好，放于干燥处存放。煮好的意大利面，应及时食用，不宜久放。

2. 菜肴制作

（1）制作步骤

步骤 1 将锅中倒入橄榄油，放入牛肉馅，炒香后，加入洋葱碎、胡萝卜碎和芹菜碎。

步骤 2 炒制数分钟后，加入番茄酱，杂香草，煮开后改小火，煮制 1 小时左右。

步骤 3 放盐、胡椒粉和辣酱油调味。

步骤 4 在开水锅中加入少许盐，放入意大利面，煮 10 分钟，捞出后装盘。

步骤 5 在意大利面上浇一层波兰牛肉酱，表面撒上奶酪碎即可。

（2）制作关键点

A. 熬煮波兰酱时要不时搅拌，避免煳底。B. 面条煮制时，水中需要放少许的盐。

（3）菜肴成品特点

菜品色泽以红色为主，配以干酪碎，口味以番茄酸味为主，带有浓香的牛肉味道和香草味道。

3. 菜肴营养

（1）菜肴的营养标签

表 1-12　意大利面配波兰酱营养标签

项目	每100g	NRV%
能量	189kcal	9%
蛋白质	10.4g	17%
脂肪	2.7g	4%
胆固醇	16mg	5%
碳水化合物	30.6g	10%
膳食纤维	0.9g	4%
钠	118mg	5%
钙	38mg	5%
钾	370mg	18%
维生素 A	31μgRE	4%
维生素 B_1	0.06mg	5%
维生素 B_2	0.08mg	5%
维生素 E	1.20mg	9%
磷	135mg	19%
铁	2.3mg	15%
锌	1.73mg	12%

（2）菜肴的营养特点

该菜肴营养较全面，以谷类主食，搭配了肉类、蔬菜等副食，满足多方面的营养需求。既富含蛋白质、磷、钾、铁、锌，也富含碳水化合物和一定量的维生素 E。该菜肴含脂肪低，胆固醇、钠的含

量均较低。

（3）菜肴的推荐人群

适宜多种人群食用。因脂肪、胆固醇含量低，尤其适宜高脂血症病人，同时钠含量不高，钾含量较丰富，也适宜高血压患者食用。减肥人群也非常适合食用。

（二）豌豆汤

1. 菜肴原料

（1）菜肴原料组成

表 1-13　豌豆汤的原料组成表

主料	豌豆 200g		调料	奶油 20g 干白 30g 盐 Pm 胡椒粉 Pm 黄油 20g 面粉 8g
配料	鸡架子 250g 洋葱 80g 胡萝卜 80g	干葱 10g 面包片 10g		

（2）主料原料特点

本菜品涉及的主料为豌豆。豌豆，又名小塞豆、荷兰豆、丝豆、青小豆、留豆、国豆、鲜豆等。属豆科豌豆属，一年生草本蔬菜。豌豆，原产地中海沿岸和亚洲中部，传入我国较早，且南北方俱有种植。

豌豆可分为菜用豌豆和粮用豌豆两种类型，按荚果组织特点可分为硬荚和软荚两种。菜用者为软荚，其果皮薄壁组织发达，嫩荚亦可食用。按豌豆形态又可分为圆粒和皱粒两种，皱粒中含糖分多，品质较佳，主要品种有北京的绿珠（圆粒）、山西的解放（皱粒）等。

（3）主料卫生要求

所用绿色豌豆应颗粒饱满，大小均匀，无虫咬，无霉变，无杂质，颜色纯正，无异味。贮藏时应放于干燥处，防止豌豆霉变。

2. 菜肴制作

（1）制作步骤

步骤 1 煮白色鸡基础汤：将鸡架子、洋葱、胡萝卜放入水中一起煮 1 小时左右。

步骤 2 干葱碎和黄油炒香，放豌豆，加入干白，炒 5 ~ 6 分钟，再加面粉炒制，放入白色鸡基础汤。煮开后改小火，将豌豆煮烂即可。

步骤 3 将其放入打碎机，过滤。

步骤 4 倒入锅中，上火煮开，加入奶油，盐，胡椒粉调味。

步骤 5 装盘后表面撒上烤面包丁。

（2）制作关键点

A. 豌豆需要煮烂，但是不能过，否则颜色过深。

B. 煮熟的豌豆打碎后一定要过细筛网。

（3）菜肴成品特点

菜品为绿色，与奶油白色相交叉，豌豆味道浓郁。

3. 菜肴营养

（1）菜肴的营养标签

表 1–14　豌豆汤营养标签

项目	每100g	NRV%
能量	173kcal	9%
蛋白质	6.5g	11%
脂肪	8.5g	14%
胆固醇	28mg	9%
碳水化合物	17.5g	6%
膳食纤维	0.5g	2%

项目	每100g	NRV%
钠	278mg	13%
钙	21mg	3%
钾	191mg	10%
维生素 A	103μgRE	13%
维生素 B_1	0.10mg	7%
维生素 B_2	0.05mg	4%
维生素 C	0.9mg	1%
维生素 E	4.46mg	32%
磷	83mg	12%
铁	0.9mg	6%
锌	0.66mg	4%

（2）菜肴的营养特点

该菜肴虽然属于汤类菜肴，是营养全面的菜肴，提供能量较高。除富含维生素 A、维生素 E 外，还富含蛋白质、磷、钾、维生素 B_1 以及一定量的碳水化合物、铁、锌。

（3）菜肴的推荐人群

该菜肴适宜人群较多，非常适宜正在生长发育的儿童、孕中后期妇女以及乳母食用。因富含维生素 A、钾、维生素 B_1 等，高温工作者也非常适合食用。

（三）水波蛋配荷兰少司

1. 菜肴原料

（1）菜肴原料组成

表1-15　水波蛋配荷兰少司的原料组成表

主料	鸡蛋 100g	调料	葡萄醋 10g 柠檬汁 10g 黄油 100g 蛋黄 50g	盐 适量 胡椒粉 适量
配料	菠菜 100g			

（2）主料原料特点

本菜品涉及的主料为鸡蛋。鸡蛋是蛋类中营养价值较高的一种，含有丰富的蛋白质、脂肪，维生素含量比其他蛋类高。

（3）主料卫生要求

新鲜的鸡蛋具有如下特点：蛋壳干净无霉斑、粗糙无光泽，壳上有一层白霜，色泽鲜明；灯光透视时整个蛋呈微红色，蛋黄不见或略见阴影；打开蛋后，蛋黄凸起完整，系带有韧性，蛋白澄清透明，稀稠分明。打鸡蛋时，首先应将鸡蛋清洗干净，以免打蛋时将蛋壳上的脏物质掉入。

家庭中如果购买的新鲜鸡蛋要贮藏时，要注意以下几点：①贮藏温度为1℃～5℃，即家用冰箱的冷藏室贮藏；②贮藏前不能清洗鸡蛋，以免将鸡蛋表面的保护膜洗掉；③放在冰箱里储存的时候要大头朝上，小头在下，这样可使蛋黄上浮后贴在气室下面，既可防止微生物侵入蛋黄，也有利于保证蛋品质量。如果倒放，那么蛋黄会沉入“大头”的气室当中，气室和外界空气是“通气”的，所以会加速鸡蛋的腐败，不利于长期存放；④无冷藏条件时，要尽量用干净的纸或布做成鸡蛋形状的空穴，使每个鸡蛋有独立的存放空间，并且避免直接暴露在空气里，这样可以减少细菌和微生物侵入的机会，能够延长鸡蛋的保存时间。

2. 菜肴制作

（1）制作步骤

步骤1 锅中放黄油，炒菠菜，放入盐、胡椒粉调味，炒软即可。

步骤2 锅中放水，放醋，微沸后放入鸡蛋，煮制2～3分钟后，捞出放入冷水中。

步骤3 做荷兰少司：黄油融化，澄清待用。鸡蛋黄、柠檬汁、水混合充分搅拌，隔水加热或小火加热。然后加入融化的黄油、盐、胡椒粉调味即可。

步骤4 将炒好的菠菜放在盘中，上面放煮好的鸡蛋，浇上少司即可。

（2）制作关键点

A. 煮鸡蛋的水温保持在98℃左右，水微沸的状态；B. 制作荷兰汁时，加热温度避免过高。

（3）菜肴成品特点

菜品中，蛋以溏心为主，配以菠菜、荷兰少司，口味以清淡，蛋香味道香浓。

3. 菜肴营养

（1）菜肴的营养标签

表1-16　水波蛋配荷兰少司营养标签

项目	每100g	NRV%
能量	229kcal	11%
蛋白质	4.1g	7%
脂肪	23.0g	38%
胆固醇	295mg	98%
碳水化合物	1.7g	1%
膳食纤维	0.4g	1%
钠	39mg	2%
钙	28mg	3%
钾	80mg	4%
维生素A	83μgRE	10%
维生素B_1	0.06mg	4%
维生素B_2	0.09mg	7%
维生素C	11.2mg	11%
维生素E	1.12mg	8%
磷	62mg	9%
铁	1.0mg	6%
锌	0.61mg	4%

（2）菜肴的营养特点

该菜肴是个营养较全面的菜肴，提供较丰富的维生素 A、维生素 E、维生素 C 和磷等。

（3）菜肴的推荐人群

因提供较高的能量，适宜运动员及重体力劳动者选用。但该菜肴脂肪高、胆固醇高，高脂血症人群慎用。

三、煎制菜肴的制作与推介

（一）黑胡椒牛排

1. 菜肴原料

（1）菜肴原料组成

表 1-17　黑胡椒牛排的原料组成表

主料	牛里脊　200g	调料	白兰地　5g 牛棕色基础汤　150g 黄油　30g 法香　5g 盐　适量 黑胡椒碎　适量
配料	土豆　30g 胡萝卜　20g 荷兰豆　20g		

（2）主料原料特点

本菜品涉及的主料为牛里脊。牛里脊肉又称“沙朗”（Sirloin）、“西冷”或“菲利”（Fillet）。牛里脊肉是脊骨里面的一条瘦肉。肉质细嫩，适于滑炒、滑熘、软炸等。菲利是切自沙朗肉中段，可切成牛排或烧烤。

（3）主料卫生要求

本菜品中的主料应为新鲜的牛里脊肉。新鲜里脊肉有光泽，颜色均匀稍暗，脂肪为洁白或淡黄色，外表微干或有风干膜，不黏手，弹性好，有鲜肉味。

2. 菜肴制作

（1）制作步骤

步骤 1 将牛里脊用盐、胡椒粉腌制，两面撒上黑胡椒碎。

步骤 2 煎制牛排，锅中放白兰地，加干白，收汁，加入牛棕色基础汤，继续收汁。然后加入奶油，收汁变稠，过滤，放入黄油碎。

步骤 3 土豆、胡萝卜削成橄榄形，煮熟。荷兰豆焯熟，过冷水。

步骤 4 肉扒上放两片黄油香草片。配上蔬菜，周围浇上黑胡椒少司。

*另外，牛肉可以剁成末，和洋葱末、香料、鸡蛋，做成圆形饼状，煎熟。

（2）制作关键点

注意在煎制牛排时的成熟度（三成、五成、八成等）。

（3）菜肴成品特点

菜品整体主配菜清晰，黑胡椒少司味道浓，肉排成熟度适合要求，肉质软嫩。

3. 菜肴营养

（1）菜肴的营养标签

表 1-18　黑胡椒牛排营养标签

项目	每100g	NRV%
能量	133kcal	7%
蛋白质	11.7g	19%
脂肪	8.8g	15%
胆固醇	39mg	13%
碳水化合物	1.9g	1%
膳食纤维	0.3g	1%
钠	57mg	3%

项目	每100g	NRV%
钙	7mg	1%
钾	103mg	5%
维生素 A	12μgRE	1%
维生素 B_1	0.03mg	2%
维生素 B_2	0.05mg	4%
维生素 C	2.9mg	3%
维生素 E	1.38mg	10%
磷	112mg	16%
铁	2.5mg	16%
锌	2.43mg	16%

（2）菜肴的营养特点

该菜肴荤素搭配，营养全面，富含蛋白质，较丰富的磷、铁、锌、钾，以及一定量的维生素 E。同时脂肪含量不高、胆固醇含量较低。

（3）菜肴的推荐人群

该菜肴适宜人群较多，儿童、青少年、老年人均适宜。因该菜肴含磷和锌较丰富，对儿童、脑力工作者尤为适宜。减肥人群、高血压患者、高脂血症患者均可选用。

（二）绿胡椒煎鱼排

1. 菜肴原料

（1）菜肴原料组成

表1-19　绿胡椒煎鱼排的原料组成表

类别	原料	类别	原料	原料
主料	净鱼肉　200g	调料	黄油　20g	橄榄油　20g
			鱼基础汤　150g	干葱　50g
			白兰地　10g	盐　适量
配料	西红柿　20g		干白　50g	
	胡萝卜　20g		奶油　50g	
	茄子　20g		绿胡椒粒　10g	

（2）主料原料特点

本菜品涉及的主料为净鱼肉，即处理完毕的鱼肉，本菜品一般采用鱼刺较少的鱼进行烹饪，如鲑鱼、鳕鱼等。鱼肉富含蛋白质，易于消化。

（3）主料卫生要求

新鲜卫生的净鱼肉解冻后，鱼肉肉质紧密有弹性，色泽光亮，肉质呈乳白色，无异味，手摸无黏性。解冻后的净鱼肉于空气中长时间暴露易腐败变质，应及时烹饪，或放置于冰箱冷藏室备用。另，解冻后鱼肉不易反复冷冻解冻，一则对肉质口感有影响，二则增加污染微生物的风险。

2. 菜肴制作

（1）制作步骤

步骤 1　锅中放黄油，待熔化后，加干葱碎，炒 2 分钟。加入白兰地、干白、鱼基础汤、一半的绿胡椒，待液体蒸发至 1/4 后将其过滤。

步骤 2　在里面加入奶油，煮 4 ~ 5 分钟，直到变稠，再加入剩下的绿胡椒，保温。

步骤 3　煎锅放橄榄油，将鱼柳两面煎上颜色并煎熟，3 ~ 4 分钟，放入盘中，浇汁，用法香叶装饰

步骤 4　西红柿片和西葫芦片，撒上香草，用橄榄油烤做配菜。或将西红柿、西葫芦、茄子丁，用黄油炒制，调味后放到圆形模具中，成型作为配菜。

步骤 5　炸西红柿皮做装饰即可。

（2）制作关键点

鱼肉在煎制时避免时

间过长，导致鱼肉变硬。

（3）菜肴成品特点

菜品整体形态突出，口味鲜香，肉质软嫩，奶油味道十足。

3. 菜肴营养

（1）菜肴的营养标签

表1-20　绿胡椒鱼排营养标签

项目	每100g	NRV%
能量	255kcal	13%
蛋白质	9.8g	16%
脂肪	19.6g	33%
胆固醇	49mg	16%
碳水化合物	27.8g	9%
膳食纤维	0.4g	2%
钠	95mg	5%
钙	12mg	1%
钾	165mg	8%
维生素 A	50μgRE	6%
维生素 B_1	0.18mg	13%
维生素 B_2	0.07mg	5%
维生素 C	2.9mg	3%
维生素 E	2.41mg	17%
磷	83mg	12%
铁	2.3mg	15%
锌	0.93mg	6%

（2）菜肴的营养特点

该菜肴提供较丰富的蛋白质、维生素 B_1、维生素 E、磷，同时也提供一定量的碳水化合物、维生素 A、维生素 B_2、锌等。

（3）菜肴的推荐人群

该菜肴适宜人群较多，适宜运动员和重体力劳动者、正在生长发育的儿童食用，孕中后期妇女以及乳母也适宜。但由于该菜肴使用了一定的奶油和黄油，含能量和脂肪较高，减肥人群和高脂血症患者要少食用。

（三）中式煎牛柳

1. 菜肴原料

（1）菜肴原料组成

表1-21 中式煎牛柳的原料组成表

主料	新鲜精瘦牛肉 200g	调料	黄酒 30g	葱姜汁 10g
			深色酱油 10g	白胡椒粉 20g
			玉米淀粉 30g	番茄沙司 50g
辅料	葱头 50g		鸡蛋 50g	李派林汁 10g
			白糖 40g	蛋白酶嫩肉粉 10g
			食盐 10g	

（2）主料原料特点

本菜品涉及的主料为精瘦牛肉，即“牛柳”，指的是牛的里脊肉。

（3）主料卫生要求

主料应为新鲜的牛里脊肉。

2. 菜肴制作

（1）制作步骤

步骤1 去除碎肉、剔除筋膜、选割整理，清洗干净，控净血水。精细加工逆着肌肉纤维的纹理，切成厚度为0.5cm、直径为4～5cm的圆片形，用拍刀轻轻拍松。

步骤2 茄子、胡萝卜、西葫芦洗干净，修整成橄榄形，焯水处理后备用，葱头切成圆圈形状。

步骤3 姜汁、黑胡椒粉、深色酱油、蛋白酶嫩肉粉混合均匀调制成红色的蛋清粉浆，放入牛肉，轻轻地翻拌搅动摔打，促使牛肉腌渍入味，拌入少量植物油混合搅拌均匀，密封之后放在冷却的环境之中静置10分钟，使肉质与粉浆充分结合。

步骤 4 将植物油烧热，爆香葱头碎，小火煸炒番茄沙司，烹入黄酒，加入食盐、白胡椒粉、李派林汁、牛清汤、白糖等混合制成颜色棕红，口味咸鲜酸甜的复合味型牛柳酱汁。

步骤 5 煎锅烧至三四成热度，将腌制好的牛肉下入锅中煎制成熟，沥去油脂。

步骤 6 烹入调制好的酱汁，使用水淀粉勾芡将汤汁增稠，放入牛肉胡萝卜榄、西葫芦榄、茄子榄使酱汁均匀地包裹住原料。

步骤 7 葱头垫底，上面放牛肉堆积摆放呈山形。

（2）制作关键点

牛肉的腌制方法与煎制的火候运用。

（3）菜肴成品特点

整体丰满突出，口味甜酸咸香，色泽金黄明亮，质感外焦里嫩，餐盘中有少量的汁液，酱汁黏稠透明、光洁明亮。

3. 菜肴营养

（1）菜肴的营养标签

表 1-22 中式煎牛柳营养标签

项目	每100g	NRV%
能量	149kcal	7%
蛋白质	11.0g	18%
脂肪	2.1g	3%
胆固醇	66mg	22%
碳水化合物	18.5g	6%
膳食纤维	0.4g	2%
钠	912mg	46%
钙	19mg	2%

项目	每100g	NRV%
钾	199mg	10%
维生素A	18μgRE	2%
维生素B_1	0.04mg	3%
维生素B_2	0.08mg	6%
维生素E	1.79mg	13%
磷	133mg	19%
铁	1.1mg	7%
锌	2.14mg	14%

（2）菜肴的营养特点

该菜肴是个高蛋白低脂肪的菜肴，除提供丰富的蛋白质、磷外，还提供较丰富的锌、钾、维生素E以及一定量的碳水化合物、维生素B_2、铁等。

（3）菜肴的推荐人群

该菜肴适宜人群多，尤其适宜正在生长发育的儿童和脑力劳动者。老年人、高脂血症患者、减肥人群均适宜选用。但应注意的是，该菜肴使用调味品较多，菜肴含钠高，高血压患者要少选用。

（四）沙茶酱煎牛肉串

1. 菜肴原料

（1）菜肴原料组成

表1-23　沙茶酱煎牛肉串的原料组成表

类别	原料	类别	原料	原料
主料	牛外脊肉　200g	调料	黄酒　30g	食盐　10g
			深色酱油　20g	葱姜汁　10g
			玉米淀粉　20g	白胡椒粉　10g
辅料	葱头　50g		蛋白　30g	沙茶酱　5g
	鲜香菇　50g		白糖　10g	蛋白酶嫩肉粉　10g

（2）主料原料特点

本菜品涉及的主料为牛外脊肉。牛外脊肉又称西冷牛排（Sirloin），含一定肥油，由于是牛外脊，肉的外延带有一圈呈白色的肉筋，总体口感韧度强、肉质硬、有嚼头，适合年轻人和牙口好的人食用。食用中，切肉时连筋带肉一起切，另外不要煎得过熟。

（3）主料卫生要求

主料应为新鲜的牛里脊肉。

2. 菜肴制作

（1）制作步骤

步骤1　将牛肉去除碎肉、剔除筋膜、选割整理，清洗干净，控净血水。将牛肉顶着肌肉纤维的纹理，切成长为4cm、直径为1cm的长条形状。

步骤2　将葱头清洗干净控净水分，切成1cm见方的方丁状备用。

步骤3　将鸡蛋清、干玉米淀粉、冰水、食盐、黄酒、葱姜汁、深色酱油、蛋白酶嫩肉粉混合均匀，调制成红色的蛋清粉浆。将牛肉渗出的血水控净，放入蛋清粉浆中，轻轻地搅拌摔打，促使牛肉腌渍入味，充分吸收水分之后，拌入少量植物油混合搅拌均匀，密封之后放在冷却的环境之中静置10分钟，使肉质与粉浆充分稳定结合。

步骤4　使用竹扦将牛肉与葱头紧密均匀地穿制在一起。

步骤5　将少量葱头碎与沙茶酱使用植物油煸炒爆香，烹入黄酒，加入由食盐、葱姜汁、白胡椒粉、牛清汤、白糖等调料混合制成颜色棕红，口味咸鲜浓香、微辣的复合味型酱汁。

步骤6　煎锅中注入适量的植物油，烧热之后将上好浆的牛肉串下入锅中，轻轻翻动煎熟，之后倒入漏勺中沥去油脂。

步骤7　炒锅中放入少量底油，将料花煸香，放入牛肉、青椒、葱头一同煸炒，烹入调制好的酱汁，烧开之后，使用水淀粉勾芡将汤汁增稠，翻炒均匀，使酱汁均匀地包裹住原料，淋入少量的香油，及时离火出锅即可。

步骤8　选择洁净预热的圆形平餐盘，采用盛入法将牛肉串摆放在盘中，摆放配菜葱头圈，进行必要的装饰点缀。

（2）制作关键点

牛肉串要均匀分散下锅，防止相互粘连。

（3）菜肴成品特点

酱汁光洁明亮色泽鲜艳、口味咸鲜清香滑嫩微辣、肉质口感细腻。

3. 菜肴营养

（1）菜肴的营养标签

表 1-24　沙茶酱煎牛肉串营养标签

项目	每100g	NRV%
能量	120kcal	6%
蛋白质	12.3g	21%
脂肪	2.9g	5%
胆固醇	21mg	7%
碳水化合物	10.5g	3%
膳食纤维	0.4g	2%
钠	1129mg	56%
钙	15mg	2%
钾	148mg	7%
维生素 B_1	0.04mg	3%
维生素 B_2	0.13mg	10%
维生素 C	1.2mg	1%
维生素 E	0.38mg	3%
磷	143mg	20%
铁	1.2mg	8%
锌	2.48mg	17%

（2）菜肴的营养特点

该菜肴高蛋白、低脂肪、低胆固醇。除富含蛋白质外，还富含磷、较丰富的锌以及一定量的铁、钾和维生素 B_2。

（3）菜肴的推荐人群

该菜肴适宜人群多，特别适宜正在生长发育的儿童。同时也非常适合减肥人群和高脂血症患者经常食用。但应注意的是，该菜肴因使用多种调味品导致钠的含量高，高血压人群慎用。

（五）柠檬汁煎鸡胸

1. 菜肴原料

（1）菜肴原料组成

表1-25　柠檬汁煎鸡胸的原料组成表

主料	鸡胸肉　200g	调料	黄酒　20g	食盐　10g
			白糖　30g	柠檬汁　50g
			白醋　20g	鲜柠檬　30g
			淀粉　30g	吉士粉　10g

（2）主料原料特点

本菜品涉及的主料为鸡胸肉，富含蛋白质，少脂肪，且易被人体吸收和利用，含有对人体生长发育有重要作用的磷脂类。鸡胸肉有温中益气、补虚填精、健脾胃、活血脉、强筋骨的功效。日本研究人员发现，鸡胸肉中富含的咪唑二肽，具有改善记忆功能的作用。

（3）主料卫生要求

前面已介绍。

2. 菜肴制作

（1）制作步骤

步骤1　将鸡胸经过基础加工清洗整理干净，再进行出骨处理加工，并修理整齐，片切掉较厚的部位，在没有鸡皮的一面剞上不规则花刀，用食盐、黄酒、胡椒、柠檬汁等调料进行腌制，并密封冷却存放。

步骤 2 使用植物油将葱丝、姜丝炒香，烹入黄酒，放入清水、口急汁、白糖、白醋、食盐、柠檬汁、鲜柠檬等调料，小火煮制 5 ~ 10 分钟调理好复合味型味汁的颜色、口味和黏度，将汁液过滤后备用。

步骤 3 选用鸡蛋 2 枚、干淀粉 30g、吉士粉 5g、适量的清水混合均匀调制成粉糊。

步骤 4 采用光滑的煎锅，放入部分植物油，将腌制调理之后的鸡胸肉均匀黏挂上粉糊，及时放入锅中煎至八成熟，使鸡胸两面硬化定型呈浅金黄色，放入漏勺中沥去油脂。

步骤 5 将熬好的柠檬汁倒入锅中烧开，然后再将煎好的鸡胸肉块加入，用大火或中等火力烧制加热约 2 分钟，待汤汁被鸡块吸入后及时起锅。

步骤 6 选择经过清洁消毒处理的砧板和刀具，再选择洁净的鱼形餐盘，将鸡块放砧板上用拍刀法将鸡块剁成均匀的长条，整齐地盛放在餐盘中，向锅中味汁加适量的吉士粉搅拌均匀再浇淋在鸡肉之上，盘子的周围装饰点缀几片柠檬片即可。

（2）制作关键点

A. 剞刀的深度约为 1/3，这样有助于入味和成熟，防止原料形体破损。鸡块的形体规格大小要求一致，有利于装盘；B. 调制粉糊时应将鸡蛋与湿淀粉进行混合，否则极易产生淀粉颗粒；C. 煎制前可用筷子或竹扦在鸡胸肉质上面进行戳扎，使之受热面增加，便于及时成熟。将定型之后的鸡胸油脂擦净，去掉散碎的粉糊。

（3）菜肴成品特点

菜品整体完整，口味酸甜咸香、清香浓郁，调味汁颜色金黄明亮，芡汁浓稠呈半流体。

3. 菜肴营养

（1）菜肴的营养标签

表1-26　柠檬汁煎鸡胸营养标签

项目	每100g	NRV%
能量	137kcal	7%
蛋白质	10.4g	17%
脂肪	2.6g	4%
胆固醇	42mg	14%
碳水化合物	2.6g	4%
钠	1040mg	52%
钙	13mg	2%
钾	216mg	11%
维生素A	8μgRE	1%
维生素 B_1	0.04mg	3%
维生素 B_2	0.08mg	6%
维生素C	2.0mg	2%
维生素E	0.11mg	1%
磷	119mg	17%
铁	1.1mg	7%
锌	0.43mg	3%

（2）菜肴的营养特点

该菜肴是道高蛋白低脂肪的菜肴，胆固醇含量也较低。除提供丰富的蛋白质，还提供较丰富的磷以及一定量的钾、铁、维生素 B_2 等。

（3）菜肴的推荐人群

该菜肴适宜多种人群食用，尤其适宜老年人、孕中后期妇女以及乳母。减肥人群、高脂血症患者均可常食用。

四、蒸制菜肴的制作与推介

（一）豉汁蒸元贝

1. 菜肴原料

（1）菜肴原料组成

表1-27　豉汁蒸元贝的原料组成表

类别	原料	类别	原料	原料
主料	新鲜元贝 200g	调料	黄酒 20g	胡椒粉 20g
			生抽 20g	葱姜碎 40g
			白糖 10g	淀粉 50g
辅料	豆豉 20g		香油 10g	植物烹调油 50g
	泡椒 20g		食盐 20g	

（2）主料原料特点

本菜品涉及的主料为新鲜元贝。元贝又名扇贝，扇贝中可食用的部位主要是固定两壳的闭合肌（闭壳肌），形似肉柱，又名带子，色泽洁白如玉，质地软嫩，滋味极其鲜美。在中国渤海、黄海沿海水域为主要产地，以辽宁的大连，山东的青岛、烟台、荣城为代表产地，6 ~ 10月为捕捞的旺季。主要营养价值：可食部分为35%，其中水分为84%，蛋白质为11%，脂肪为0.1%，碳水化合物为3.4%。

（3）主料卫生要求

新鲜的元贝具备如下特点：贝壳表面无畸形、破碎，附着物少，表面无泥污；贝壳呈浅褐色或淡黄色；离水时双壳紧闭有力或可以自主开合，外套膜伸展并紧贴壳口；具有海湾元贝特有的气味，无异味。

元贝初加工后易腐败变质，因此应注意保鲜处理，一般可采用低温保鲜来抑制组织蛋白酶的作用和细菌的生长繁殖。在室温下放置不宜太久，应及时烹饪。

2. 菜肴制作

（1）制作步骤

步骤1 使用撬刀将元贝的肉质取下，经过必要的择洗加工，使用食盐水溶液和清水清洗干净，将贝壳洗刷干净煮制加热后备用，控净水分。

步骤2 使用适量的烹调油将泡椒碎、豆豉碎、葱姜碎、冬笋丝一同轻轻煸炒出香气，烹入黄酒，加入食盐、海鲜清汤等，烧开汤汁调制成色泽棕红、口味清香、咸鲜微辣、黏稠适度的酱汁，淋入适量的香油。冷却后备用。

步骤3 使用冷却后的酱汁将元贝的肉质均匀腌制调匀，摆放在清洁的贝壳之中，撒上两粒清洗干净的枸杞。

步骤4 将元贝包裹上一层保鲜膜，放入蒸锅蒸制10分钟，成熟之后，取下薄膜，取出滤出酱汁，增稠之后浇淋在元贝上面。

步骤5 将元贝摆放在餐盘中，配上芡汁和配菜，进行必要的点缀装饰。

（2）制作关键点

封上保鲜膜或加盖是为了避免蒸汽中的水分浸泡元贝。

（3）菜肴成品特点

芡汁色泽红棕色黏滑，肉质感细嫩软滑，口味咸鲜清香醇厚微辣。

3. 菜肴营养

（1）菜肴的营养标签

表1-28　豉汁蒸元贝营养标签

项目	每100g	NRV%
能量	294kcal	15%
蛋白质	5.8g	10%
脂肪	19.3g	32%
胆固醇	30mg	10%
碳水化合物	24.0g	8%
膳食纤维	1.2g	5%
钠	2721mg	136%
钙	57mg	7%
钾	165mg	8%
维生素 A	7μgRE	1%
维生素 B_1	0.02mg	1%
维生素 B_2	0.06mg	4%
维生素 E	12.10mg	85%
磷	84mg	12%
铁	3.7mg	25%
锌	3.08mg	21%

（2）菜肴的营养特点

该菜肴所含矿物质丰富，富含丰富的铁、锌和较丰富的磷，还富含丰富的维生素 E 和较丰富的蛋白质以及一定量的碳水化合物、钾和膳食纤维。同时该菜肴胆固醇含量也较低。

（3）菜肴的推荐人群

该菜肴非常适宜重体力劳动者和正在生长发育的儿童食用，孕期妇女以及乳母也适宜。但应注意的是该菜肴脂肪含量高，且因调味品使用多致使钠的含量高，高脂血症、高血压患者慎食用，老年人少食用。

（二）剁椒蒸鲢鱼头

1. 菜肴原料

（1）菜肴原料组成

表1-29 剁椒蒸鲢鱼头的原料组成表

主料		调料		
	小鲢鱼头 350g		黄酒 5g	湖南剁椒 30g
			食盐 1g	花生酱 5g
			玉米淀粉 3g	花椒 2g
			白胡椒粉 2g	花生油 5g
			白砂糖 5g	细香葱 2g
			生姜 5g	

（2）主料原料特点

本菜品涉及的主料为鲢鱼头。鲢鱼又名白鲢、鲢子、廉鱼、白鲢子，硬骨鱼纲鲤形目鲤科鲢属，为淡水上层以浮游生物为食的鱼类，是中国淡水渔业中中小型鱼类的主要养殖品种之一。鲢鱼体侧扁平，稍有隆起，头部较大钝圆，口宽大，眼小下侧，尾柄较细，尾呈叉状，身背银白色细鳞，腹部有缘呈刀刃状，身色灰白，肉质细嫩鲜美，但肉中之刺较多而细。中国各大水系的江河湖泊池塘库区浮游生物较多的水域之中出产较多，以 9 ~ 10 月为出产的旺季。主要营养价值：可食部分为 61%，其中水分为 76.2%、蛋白质为 18.6%、脂肪为 4.8%、碳水化合物为 0。

（3）主料卫生要求

新鲜的鲢鱼头，其鱼鳞完整紧贴鱼体，色泽鲜艳，有光泽；鱼鳃呈鲜红色或樱红色；鱼眼睛饱满，清晰、透明，黑白界线分明，无黏性分泌物；无异味。处理鲢鱼头时，应充分地将血水、黏液等清洗干净，未及时处理的鲢鱼头包装好并及时放入冰箱冷藏室备用，不可长时间暴露在空气中，以防腐败变质。

2. 菜肴制作

（1）制作步骤

步骤1　将鱼头整理刮洗干净，将口腔上颚滑嫩的软肉轻轻翻起，将下面的硬骨抽出洗净，从鱼头中部劈开成两块备用。

步骤2　将红色剁椒与大蒜、生姜、大葱、花椒、花生酱等，一起剁碎呈茸状，混合花生酱煸炒出香气和红油，加入食盐、胡椒、黄酒、玉米淀粉等调制成蒸鱼酱汁。

步骤3　将酱汁均匀涂抹调制好鱼头，封上保鲜膜蒸制加热15分钟至成熟。

步骤4　酱汁经过增稠处理之后，浇淋在鱼头之上。

（2）制作关键点

调制酱汁口味。

（3）菜肴成品特点

鱼头形体完整，色泽光洁红润，香味浓厚咸鲜微辣，肉质细嫩糯软。

3. 菜肴营养

（1）菜肴的营养标签

表1-30　剁椒蒸鲢鱼头营养标签

项目	每100g	NRV%
能量	124kcal	6%
蛋白质	12.3g	21%
脂肪	4.6g	8%
胆固醇	87g	29%
碳水化合物	8.8g	3%
膳食纤维	0.8g	3%
钠	501mg	25%

项目	每100g	NRV%
钙	68mg	9%
钾	211mg	11%
维生素 A	33μgRE	4%
维生素 B_1	0.03mg	2%
维生素 B_2	0.10mg	7%
维生素 E	3.11mg	22%
磷	148mg	21%
铁	1.1mg	8%
锌	0.83mg	6%

（2）菜肴的营养特点

该菜肴富含蛋白质，且脂肪含量较低，同时还含有丰富的维生素 E、磷以及较丰富的钾、钙，一定量的铁、锌、维生素 B_2 等。

（3）菜肴的推荐人群

该菜肴适宜人群较多，老年人、正在生长发育的儿童、减肥人群可经常食用。高血压患者、高脂血症患者也可适量食用。

五、炸制菜肴的制作与推介

（一）英式炸鱼条配马乃司酱

1. 菜肴原料

（1）菜肴原料组成

表 1-31　英式炸鱼条配马乃司酱的原料组成表

类别	原料	类别	原料
主料	鲷鱼肉　150g	调料	面粉　50g 柠檬　30g 番茄沙司　适量 盐　适量 马乃司酱　适量 胡椒粉　适量
配料	薯条　30g 面包屑　50g 鸡蛋　100g		

（2）主料原料特点

本菜品涉及的主料为鲷鱼。鲷鱼，又名真鲷、鲷、加吉鱼、铜盆鱼，硬骨鱼纲鲈形目鲷科真鲷属，为海洋底层结群，食肉暖水性近海洄游鱼类，真鲷为中国珍贵经济鱼类。真鲷体呈侧扁形，长约 30 ~ 50cm，头长口小，体背细鳞，背鳍、臀鳍有硬棘，体色有淡红、淡青色，眼较大，肉质洁白细嫩鲜美，肉多刺少。产区以渤海出产的较为著名，以山东的青岛和烟台，河北的昌黎，福建的晋江和厦门，广东的南澳为代表产地。汛期 5 ~ 6 月为捕获旺季。主要营养价值：可食部分为 65%，其中水分为 75%、蛋白质为 18%、脂肪为 2.6%、碳水化合物为 2.1%。

（3）主料卫生要求

新鲜的鲷鱼肉，切面洁净有光泽，肉质紧实有弹性，手摸不黏手，无异味。

2. 菜肴制作

（1）制作步骤

步骤 1　将鱼肉切成宽条，撒入盐和胡椒粉腌制 10 分钟左右。

步骤 2　将鱼条表面拍上一层薄面，然后蘸上蛋液，再用面包屑将其包裹均匀。

步骤 3　将包裹好的面包屑的鱼条放入油锅中，温度约 180℃，炸制 2 ~ 3 分钟。捞出后，沥干油，放在吸油纸上，吸干油后装盘。

步骤 4　炸完鱼条后，炸制薯条，将其配在炸鱼条旁边，佐番茄沙司或马乃司酱，配上柠檬和炸薯条即可。

（2）制作关键点

炸制鱼条时注意油温，避免油温过高使得外边上色过快，鱼肉不熟。也避免油温过低，使得鱼油内部浸油。

（3）菜肴成品特点

菜品整体形态以条形为主，色泽金黄，口感外酥里嫩。

3. 菜肴营养

（1）菜肴的营养标签

表 1-32　英式炸鱼条配马乃司酱营养标签

项目	每100g	NRV%
能量	296kcal	15%
蛋白质	11.0g	18%
脂肪	18.9g	32%
胆固醇	147mg	49%
碳水化合物	20.5g	7%
膳食纤维	0.2g	1%
钠	70mg	4%
钙	85mg	11%
钾	193mg	10%
维生素 A	46μgRE	6%
维生素 B_1	0.05mg	3%
维生素 B_2	0.11mg	8%
维生素 E	6.27mg	45%
磷	179mg	26%
铁	2.2mg	15%
锌	1.04mg	7%

（2）菜肴的营养特点

该菜肴因采用了油炸的熟处理烹饪方法，致使该菜肴脂肪含量高。该菜肴含有丰富的蛋白质、磷和维生素 E，比较丰富的钙、铁、钾以及一定量的碳水化合物、维生素 A、维生素 B_2、锌等。

（3）菜肴的推荐人群

该菜肴适宜重体力劳动者、正在生长发育的儿童食用。

（二）果汁脆皮鱼卷

1. 菜肴原料

（1）菜肴原料组成

表1-33　果汁脆皮鱼卷的原料组成表

主料	新鲜草鱼　200g	调料	花雕酒　20g	食盐　10g
			玉米淀粉　20g	胡椒粉　10g
			吉士粉　20g	橙汁　100g
配料	苹果　20g		面粉　20g	植物烹调油　500g
			鸡蛋液　50g	番茄沙司　50g

（2）主料原料特点

本菜品涉及的主料为草鱼。又名白鲩、草根鱼、草包鱼。草鱼鱼体呈纺锤形，鱼体较长，体侧稍扁圆，尾柄侧扁，尾呈叉状，背部宽阔，腹部平滑，头小而尖，吻钝圆，体背色泽深灰，腹部色泽淡白，草鱼肉质细嫩鲜美，肉多刺少。产区以珠江、长江、黄河等水系的江河湖泊池塘库区水草茂盛的水域为多，9 ~ 11 月为出产旺季。主要营养价值：可食部分为 59%，其中水分为 77%、蛋白质为 16.3%、脂肪为 5.6%、碳水化合物为 0.1%。

（3）主料卫生要求

新鲜的草鱼具有如下特点：鱼鳞完整紧贴鱼体，不易脱落，有光泽；鱼鳃是新鲜程度的标志，鳃丝清晰，色泽红；鱼眼睛饱满，清晰、透明，黑白界线分明，无黏性分泌物；切断鱼体看肌肉，肉质坚实有弹性，色泽呈乳白色，鱼血鲜红，无不良异味。

草鱼的鱼胆含有毒素，活鱼宰杀时应注意将鱼胆去除，同时要防止将胆割破，以免污染肉质。处理的草鱼应及时加工食用，未经处理的鱼可经包装后冷冻保藏，但不宜太久。

2. 菜肴制作

（1）制作步骤

步骤1 将经过整理清洗的净鱼肉片切成长为6 ~ 7cm、宽为3cm、厚度为0.4cm的长方片形。

步骤2 使用生抽、葱姜汁、黄酒、玉米淀粉、鸡蛋液等调制成全蛋粉浆，将鱼肉腌渍并上浆处理。

步骤3 将经过腌渍上浆处理的鱼肉轻轻地展开，在一边整齐地码放上苹果丝作为馅心，然后紧紧地卷成6 ~ 7cm、直径为2cm卷筒状。

步骤4 将鱼肉卷的外部均匀粘挂一层湿淀粉，然后均匀地滚动粘挂干淀粉，制成料坯。

步骤5 待鱼卷水分即将渗透干粉层时，平稳地放到六成热度的油锅中炸制成熟上色酥脆，取出控净油脂。

步骤6 锅中放入植物油加热后，烹入桂花酒，加入食盐、橙汁等调料，将酱汁调制成咸鲜清香的味型，金黄色泽之后，使用吉士粉和淀粉勾芡增稠。

步骤7 将炸好的鱼肉卷整齐摆放在清洁预热的餐盘中，鱼肉卷数量不少于6个，浇淋上芡汁，进行必要的点缀装饰。

（2）制作关键点

在炸制过程要保持半成品成熟度颜色质感协调一致。

（3）菜肴成品特点

菜品形态完整，颜色金黄，口感香酥细嫩，口味咸鲜清香，酱汁黏细腻滑透明亮。

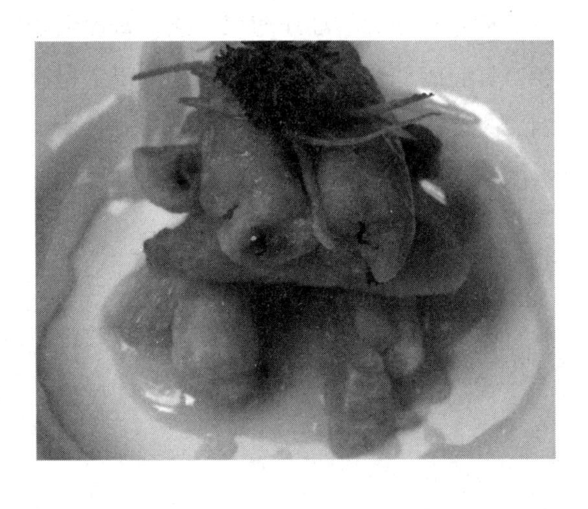

3. 菜肴营养

（1）菜肴的营养标签

表1-34　果汁脆皮鱼卷营养标签

项目	每100g	NRV%
能量	218kcal	11%
蛋白质	7.9g	13%
脂肪	14.9g	25%
胆固醇	30mg	10%
碳水化合物	12.2g	4%
钠	813mg	41%
钙	27g	3%
钾	200mg	10%
维生素 A	40μgRE	5%
维生素 B_1	0.04mg	3%
维生素 B_2	0.07mg	5%
维生素 C	7.0mg	7%
维生素 E	6.25mg	45%
磷	99mg	14%
铁	1.3mg	8%
锌	0.58mg	4%

（2）菜肴的营养特点

相对其他类的油炸荤菜，该菜肴提供能量、脂肪相对较低。作为荤菜，其胆固醇含量也低。因芡汁使用了橙汁，使菜肴含有维生素 C。同时，该菜肴除富含维生素 E 外，还含有较丰富的蛋白质、钾、磷以及一定量的铁、维生素 A、维生素 B_2 等。

（3）菜肴的推荐人群

该菜肴适宜运动员和重体力劳动者、正在生长发育的儿童食用，低温工作者也可适当多食用。但应注意的是该菜肴脂肪含量较高，高脂血症患者、老年人均应少食用。

（三）鱼香脆皮茄盒

1. 菜肴原料

（1）菜肴原料组成

表1-35　鱼香脆皮茄盒的原料组成表

主料	长茄子　200g	调料	黄酒　30g	食盐　10g
			酱油　20g	胡椒粉　10g
			米醋　30g	葱姜蒜末　10g
配料	猪精瘦肉馅　50g		泡辣椒　50g	白糖　30g
			玉米淀粉　20g	植物烹调油　50g

（2）主料原料特点

本菜品涉及的主料为长茄子。根据茄子的果形，可将其分为圆茄、长茄和矮茄三个变种。长茄，植株中等，叶小而窄，果形细长，皮薄，肉质较松软、种子少，品质最佳。果实有紫色、青绿色、白色等。主要品种有：南京紫水茄、紫长茄、北京线茄、辽宁柳条青等。

茄子供食用部位为果实的中果皮及胎座的海绵状薄壁细胞组织，其成分主要包括糖、果胶、纤维素、粗蛋白、脂肪、灰分、抗坏血酸、鞣质等。由于茄子含有较多的鞣质和多酚氧化酶，因而果实切开后极易发生褐变。此外，紫茄子中含有花色素，性质极不稳定，易发生酸水解。茄子的加工食用方法很多，如红烧、酱烧、茄泥、瓤茄盒、做馅等。

（3）主料卫生要求

挑选茄子时，要选择果形均匀周正、无裂口、无腐烂、无斑点的作为菜品的主料。茄子的皮层覆有一层蜡质，使茄子发亮并具有保护作用，但茄子的抗病性较弱，一旦蜡质层被冲刷掉或受机械损伤，很容易受到微生物侵害而腐烂变质。因此，保存茄子不要用水洗，要避免雨淋、日晒、磕碰、受热，应选择阴凉通风场所，倒筐或散堆存放。

2. 菜肴制作

（1）制作步骤

步骤 1　将长茄子片去外皮，均匀切成猪肉片且加工成直径为 6cm、厚 0.5cm 的圆片形状，或者切成夹刀片。

步骤 2　将猪肉馅使用黄酒、花椒水、食盐、胡椒粉、葱姜水、玉米淀粉等调料进行腌制上浆，搅拌上劲，冷却备用。

步骤 3　将茄子片拍上一层玉米淀粉，每两片中间夹上肉馅制成圆饼形状。圆饼成形不少于 6 个。

步骤 4　使用鸡蛋、玉米淀粉、面粉、葱姜汁、黄酒、花椒水、食盐均制调和成蛋糊。

步骤 5　将茄盒外表均匀拍黏玉米淀粉，均匀挂黏鸡蛋糊，及时放入五成热度的炸锅中进行预制加热炸制定型、成熟、上色。

步骤 6　将葱姜蒜小料与泡辣椒一起斩碎成细小的蓉泥状，煸炒出香气，烹入黄酒，加入清汤、酱油、白糖、米醋、食盐，使用淀粉勾芡增稠酱汁。

步骤 7　将成熟的茄盒整齐摆放在清洁预热的餐盘中，肉卷数量不少于 6 个，浇淋上部分鱼香酱汁即可。

（2）制作关键点

在炸制时注意油温，避免过高或过低。

（3）菜肴成品特点

颜色红润光亮，口味香辣咸甜酸，形体完整美观。

3. 菜肴营养

（1）菜肴的营养标签

表1-36 鱼香脆皮茄盒营养标签

项目	每100g	NRV%
能量	164kcal	8%
蛋白质	3.3g	5%
脂肪	10.6g	18%
胆固醇	8mg	3%
碳水化合物	12.2g	4%
膳食纤维	1.4g	5%
钠	1109mg	55%
钙	30mg	4%
钾	136mg	7%
维生素 A	23μgRE	3%
维生素 B_1	0.07mg	5%
维生素 B_2	0.04mg	3%
维生素 E	4.38mg	31%
磷	46mg	7%
铁	1.7mg	11%
锌	0.75mg	5%

（2）菜肴的营养特点

该菜肴脂肪含量较高。该菜肴提供丰富的维生素 E、较丰富的铁，以及一定量的膳食纤维、钾、磷、锌和维生素 B_2。

（3）菜肴的推荐人群

该菜肴适宜普通成年人群，低温工作者也可适量食用。因含钠量高，高血压患者应慎食用。

（四）菠萝咕噜肉

1. 菜肴原料

（1）菜肴原料组成

表 1-37　菠萝咕噜肉的原料组成表

类别	原料	类别	原料	原料
主料	新鲜猪夹心肉 200g	调料	白砂糖（或冰糖）50g	植物烹调油 50g
			玉米淀粉 50g	生姜 10g
			白醋 30g	黄酒（或红葡萄酒）50g
配料	净菠萝片 50g		食盐 10g	香叶 5g
			辣酱油 10g	大蒜 30g
			茄酱沙司 50g	

（2）主料原料特点

本菜品涉及的主料为猪夹心肉。猪夹心是靠后腿无肋骨部分称软肋、软五花、下五花肉，质较松软。其特点是三层瘦肉，两层肥膘互夹，俗称五花三层，皮薄，易烂。

（3）主料卫生要求

本菜品的主料应采用新鲜的五花肉，新鲜五花肉肥瘦颜色分明，瘦肉呈淡红色，脂肪呈洁白色，肉质紧实有弹性，手触无黏感，具有猪肉特有的气味。处理加工时，尽量要注意荤素、生熟案板分开使用，避免交叉污染。如下一道工序较久时，应将处理好的肉放于冰箱冷藏室中暂存，切不可长时间暴露于空气中，避免肉中微生物的滋生。

2. 菜肴制作

（1）制作步骤

步骤 1　将菠萝选修整理，加工清洗干净，剖开去掉木质纤维化的硬心，切成厚度为 1.2cm 扇形块状，采用水焯加热成熟后备用。

步骤 2　将猪肉整理加工清洗干净，整体切成厚度为 1.2cm 大片，在大片猪肉的两面分别剞上排列整齐的刀纹，然后切成菱长为 1.2cm 的菱形块。

步骤 3 将猪肉放在不锈钢材质的容器之中，使用食盐、胡椒粉、姜汁、黄酒、辣酱油、香叶一起搅拌均匀，封闭之后放入冷却的环境之中存放 10 分钟，进行腌制，强化猪肉的嫩化程度。

步骤 4 使用鸡蛋清、干玉米淀粉、清水（冷却）、姜汁、黄酒、一起搅拌均匀调制成蛋清粉浆，将猪肉块包裹均匀，之后将逐个肉块表层均匀黏挂细腻的干玉米淀粉，滚动形成稳定的糊粉层，净置 10 分钟使水分渗透到粉层之中。

步骤 5 选用不锈钢煮锅，加入清水、白砂糖、食盐、番茄沙司、辣酱油、香叶、黄酒等，使用中小火熬制融合，调制成鲜艳的红色，迅速冷却之后加入白醋调制成甜酸咸香的复合味型的调味汁。

步骤 6 将炸锅中注入适量的烹调油，烧至加热到五六成热度，将处理好的猪肉逐个平稳地下入油锅中，待初步定型之后用手勺轻轻地推动分散，直到炸制肉质完全成熟、粉糊层形成焦脆质感，及时倒入漏勺中沥净油脂。

（2）制作关键点

A. 猪肉切割之后的形体大小薄厚规格要一致；B. 猪肉在挂制糊粉层时不要用力按压成型，避免炸制后的肉质发硬，口感较差。姜汁中的蛋白酶具有嫩化肌肉组织的作用，可以增强肉质鲜美滋味；C. 可以使用蔬菜汁或菠萝汁代替清水，能够丰富口味。菠萝中含有的菠萝蛋白酶能够帮助人体对肉类食物的消化分解。糖醋汁中加入适量的食盐，可以明显提高甜味的呈味程度；D. 原料下锅之

前，需要将黏附在原料表面的浮粉清除，以保持油脂的澄清清洁。原料在手心中滚动成圆球形状，不能用力挤压成型，挂糊之后的原料在存放过程要防止相互挤压粘连。油温过低下入挂糊上浆的原料，粉糊浆层不能立即变形固化在原料之上，造成脱浆脱糊现象。采用复炸能够充分形成成品良好的焦脆质感。

（3）菜肴成品特点

颜色红润光亮，口味香辣咸甜酸，形体完整美观。

3. 菜肴营养

（1）菜肴的营养标签

表1-38　菠萝咕噜肉营养标签

项目	每100g	NRV%
能量	265kcal	13%
蛋白质	3.5g	6%
脂肪	20.5g	34%
胆固醇	33mg	11%
碳水化合物	15.6g	5%
膳食纤维	0.3g	1%
钠	867mg	43%
钙	12mg	1%
钾	64mg	3%
维生素A	21μgRE	3%
维生素B_1	0.06mg	4%
维生素B_2	0.03mg	2%
维生素C	2.6mg	3%
维生素E	5.41mg	39%
磷	35mg	3%
铁	1.3mg	9%
锌	0.60mg	4%

（2）菜肴的营养特点

该菜肴因采用了油炸的熟处理烹饪方法，致使该菜肴能量高、脂肪含量高。该菜肴含有丰富的维生素E，同时富含蛋白质、碳水化合物、铁、锌等。

（3）菜肴的推荐人群

该菜肴适宜普通成年人群食用。重体力劳动者也可适量食用。应注意的是该菜肴能量高、脂肪高，营养密度相对较低，减肥人群不宜食用。

（五）糖醋鱼片

1. 菜肴原料

（1）菜肴原料组成

表1-39　糖醋鱼片的原料组成表

主料		调料		
	鲜草鱼　200g		黄酒　20g	玉米淀粉　30g
			白糖　50g	食盐　10g
			米醋　30g	植物油　500g

（2）主料原料特点

本菜品涉及的主料为草鱼。

（3）主料卫生要求

前面已介绍。

2. 菜肴制作

（1）制作步骤

步骤1　将草鱼经过基础加工清除整理干净，清除鱼头部分鳃牙、鳃瓣、喉骨，鱼体部分要抽出鱼体侧线，经过泡烫处理清除表皮上面的黑膜和黏液，将鱼体清洗干净，擦干水分。

步骤2　采用开片剔骨出肉的加工方法，剔除骨骼、鱼皮，并用斜刀法将鱼肉切割成大小一致的牡丹花瓣形的鱼片。

步骤3　将鱼肉使用食盐、黄酒、姜汁、胡椒等调料搅拌均匀，腌制调味，使鱼肉内部具有一定的底味，达到三成咸度即可。

步骤 4 将玉米淀粉加清水调制成水粉糊。将鱼肉放入糊中轻轻翻拌均匀，然后粘挂一层干玉米淀粉，使之均匀包裹住鱼片，轻轻地按压使粉层形成稳定糊层。

（特别提示：细腻的玉米淀粉最适宜用于上浆、挂糊、着衣。土豆淀粉、木薯淀粉等适宜用于勾芡增稠，不宜用作上浆挂糊着衣。）

步骤 5 取一只碗放入黄酒、焦糖色、白糖、米醋、食盐、清水、湿淀粉等调料，混合调制成复合的芡汁。也可以使用炒锅，煸炒葱姜丝散发出香气，在锅内烹入黄酒、白糖、米醋、食盐，加入清水，烧制开锅，调理好酱汁的数量、颜色和口味，制成调味汁。

步骤 6 将锅中注入适量的食油，烧至八成热度，将挂好糊的鱼肉放入油中，浸没炸制酥脆成熟上色。倒入漏勺中沥净油脂。

步骤 7 锅中留有少许底油，烹入调味汁，使用水淀粉增稠，待芡汁糊化后加入炸好的鱼片，翻动炒制，使酱汁均匀地包裹住鱼片，淋入少量的明油及时出锅即可。

步骤 8 选择预热洁净的鱼形餐盘或圆形平餐盘，采用拖入法将鱼块平稳盛入盘中，堆积成形，再将锅中剩余黏稠酱汁浇淋在鱼块上，再进行必要的点缀装饰。

（2）制作关键点

A. 宰杀之时要放尽血液，刷净附在内腔上面的黑膜和血污。宰杀之后的草鱼经过初步加工之后，需要静置 20 分钟，在冷却的环境中，使鱼肉经过排酸毒处理之后，形成柔软的质感；B. 鱼片下锅时，应分散下锅，防止相互粘连。炸制时应采取重油的方式，分两次炸制，这样

才能达到外焦里嫩的效果。炸制时油温不宜过低，防止粉糊“吃油”现象。

（3）菜肴成品特点

整体丰满突出，口味甜酸咸香，色泽金黄明亮，质感外焦里嫩，餐盘中有少量的汁液，酱汁黏稠透明、光洁明亮。

3. 菜肴营养

（1）菜肴的营养标签

表 1-40　糖醋鱼片营养标签

项目	每100g	NRV%
能量	265kcal	13%
蛋白质	6.4g	11%
脂肪	18.5g	31%
胆固醇	24mg	8%
碳水化合物	18.8g	6%
钠	992mg	50%
钙	19mg	2%
钾	117mg	6%
维生素 B_1	0.02mg	1%
维生素 B_2	0.04mg	3%
维生素 E	7.76mg	55%
磷	67mg	10%
铁	2.5mg	16%
锌	0.85mg	6%

（2）菜肴的营养特点

该菜肴因采用了油炸的熟处理烹饪方法，致使该菜肴能量和脂肪含量高。该菜肴含有丰富的维生素 E，较丰富的蛋白质、铁、磷和一定量的碳水化合物、钾、锌等。

（3）菜肴的推荐人群

该菜肴非常适宜正在生长发育的儿童食用、重体力劳动者，低温工作者也可适当食用。但应注意的是该菜肴因脂肪含量高，高脂血症患者应慎用，老年人也应少食用。

（六）软炸蔬菜

1. 菜肴原料

（1）菜肴原料组成

表1-41　软炸蔬菜的原料组成表

主料	香椿　100g	调料	黄酒　20g	食盐　10g
			面粉　50g	葱姜汁　20g
			泡打粉　10g	植物烹调油　50g
配料	红绿椒　50g		鸡蛋清　10g	
	长茄子　50g		玉米淀粉　50g	

（2）主料原料特点

本菜品涉及的主料为香椿。香椿为楝科香椿属，是以嫩叶嫩梢供食用的多年生木本蔬菜。原产中国，分布很广，以华北地区种植较多。香椿一般为露地生长，于春季采收，现也有选择一二年生的苗木或枝条进行温室假植栽培，以冬季上市。香椿每年 4 ~ 5 月萌发幼芽，叶梢初为紫红色，展开后为深绿色，叶脉着生褐色绒毛，叶柄为红色。叶互生为偶数羽状复叶，每片复叶对生 8 ~ 9 对小叶，可与苦木科的臭椿为奇数羽状复叶相区别，香椿萌发的幼芽在未木质化之前，一般可采收三次。初者，芽短而粗壮，呈紫红色，质嫩，香浓，品质最佳；二者，芽长，呈绿紫色，品质尚佳；三者，芽更长，呈绿色，品位下降品质差。香椿其香味成分来源于挥发性油，产品不仅风味独特，质感同样宜人，加工及烹饪制法多种多样，如与鸡蛋同炒、与黄豆同拌，还可以腌制，另北京人习惯将其当作面码，可谓气香、味美。

（3）主料卫生要求

本菜品使用的主料是新鲜的香椿。香椿营养价值高，蛋白质含量高于其他蔬菜，但有研究表明，香椿生芽过程中其硝酸盐及亚硝酸盐含量会增加。因此，在选购香椿时，尽量选择新鲜且质地嫩的香椿芽。

香椿在烹饪前最好在沸水中焯烫一下，以减少亚硝酸盐的含量。如想保存新鲜的香椿，可以将香椿焯烫一下，冷却包装后再置于冰箱冷冻贮藏。

2. 菜肴制作

（1）制作步骤

步骤 1 将新鲜的蔬菜清洗干净，红绿椒加工成条状、茄子加工成梳子块形。

步骤 2 使用玉米淀粉、面粉、鸡蛋黄、泡打粉、食盐、黄酒、胡椒粉、葱姜汁、植物油等混合调制成粉糊状。

步骤 3 将蔬菜表面水分沾干，均匀挂黏面粉之后再均匀粘挂软炸糊，在蔬菜表面形成薄薄稳定的糊层。

步骤 4 将炸油烧至五六成热度，将挂好软炸糊的蔬菜轻轻地分散下入油中，迅速炸制成熟酥脆金黄色之后，倒入漏勺中沥净油脂。

步骤 5 选择洁净预热的圆形平餐盘，将炸制的蔬菜堆放架空成塔形，配上必要的酱汁点缀装饰。

（2）制作关键点

炸制蔬菜要避免互相粘连。

（3）菜肴成品特点

成品口味咸鲜清香，糊层酥脆。

3. 菜肴营养

（1）菜肴的营养标签

表1-42　软炸蔬菜营养标签

项目	每100g	NRV%
能量	192kcal	10%
蛋白质	3.1g	5%
脂肪	12.7g	21%
碳水化合物	16.8g	6%
膳食纤维	1.0g	4%
钠	976mg	49%
钙	40mg	5%
钾	133mg	7%
维生素 A	40μgRE	5%
维生素 B_1	0.04mg	3%
维生素 B_2	0.05mg	4%
维生素 C	19.0mg	19%
维生素 E	5.47mg	39%
磷	66mg	9%
铁	1.5mg	10%
锌	0.88mg	6%

（2）菜肴的营养特点

该菜肴经过油炸熟处理，使得该菜肴中的维生素 C 损失较多，同时脂肪含量增高，提供能量增加。该菜肴除含有丰富的维生素 E 外，还含有较丰富的铁和一定量的蛋白质、膳食纤维、钙、钾、磷、锌、维生素 A 等。

（3）菜肴的推荐人群

该菜肴适合普通成年人群食用，同时将蔬菜经过软炸后，虽损失部分维生素 C 和 B 族维生素，但使得口感更易于儿童接受，补充儿童易缺乏的膳食纤维、维生素 A、钙、铁等。所以该菜肴非常适宜儿童食用。

但应注意的是，该菜肴含有较高的脂肪和钠，高血压患者要少食用。

（七）酥炸鱿鱼圈

1. 菜肴原料

（1）菜肴原料组成

表1-43　酥炸鱿鱼圈的原料组成表

主料		调料		
主料	新鲜鱿鱼　200g	调料	面包糠　50g	玉米淀粉　50g
			鸡蛋　20g	食盐　10g
			黄酒　20g	山葵酱　10g
			面粉　50g	葱姜汁　30g
			泡打粉　10g	植物烹调油　100g

（2）主料原料特点

本菜品涉及的主料为鱿鱼。又名柔鱼、枪乌贼，以黄海、渤海、东海为主要产区，以浙江的舟山群岛、嵊泗列岛产量最大，每年的3～6月为捕获的旺季。主要营养价值：可食部分为95%，其中水分为80%，蛋白质为15%，脂肪为0.8%，碳水化合物为2.4%。

（3）主料卫生要求

本菜品所用主料为新鲜的鱿鱼。新鲜的鱿鱼有如下特点：新鲜的鱿鱼的膜紧实、有弹性；头与身体连接紧密，不易扯断；具有鱿鱼正常的气味，无异味。处理加工鱿鱼时，务必将其眼睛及内脏等去除干净。初加工后的鱿鱼不宜在室温下放置太久，应及时烹饪，如不能及时烹饪，可将其包于冰箱中冷藏。

2. 菜肴制作

（1）制作步骤

步骤1　将新鲜的鱿鱼择洗干净，加工成圆筒状，撕去表面的皮膜。

步骤2　将筒状的鱿鱼切割成圆圈状。

步骤3　使用黄酒、食盐、葱姜汁将鱿鱼圈腌渍调味。

步骤4　将玉米淀粉、面粉、泡打粉、食盐、黄酒、胡椒粉、葱姜

汁、植物油等混合调制成粉糊状的脆浆。

步骤5　将鱿鱼圈水分沾干，挂黏脆浆，在肉质表面形成稳定的粉糊层。

步骤6　将油烧至加热到五六成热度，将挂好脆浆的鱿鱼圈轻轻地分散下入油中，迅速炸至金黄，倒入漏勺中沥净油脂。

步骤7　选择洁净预热的圆形平餐盘，将鱿鱼圈堆放架空呈塔形，配上必要的酱汁和配菜点缀装饰。

（2）制作关键点

炸制时注意油温，避免过高或过低。

（3）菜肴成品特点

成品口味咸鲜清香酥脆，色泽金黄。

3. 菜肴营养

（1）菜肴的营养标签

表1-44　酥炸鱿鱼圈营养标签

项目	每100g	NRV%
能量	284kcal	14%
蛋白质	9.6g	16%
脂肪	22.3g	37%
胆固醇	136mg	45%
碳水化合物	12.9g	4%
膳食纤维	0.2g	1%
钠	871mg	44%
钙	29mg	4%
钾	177mg	9%
维生素A	23.9μgRE	3%
维生素B_1	0.03mg	2%
维生素B_2	0.05mg	4%

项目	每100g	NRV%
维生素 E	9.57mg	68%
磷	37mg	5%
铁	1.0mg	7%
锌	1.41mg	9%

（2）菜肴的营养特点

该菜肴因采用了油炸的熟处理烹饪方法，致使该菜肴能量和脂肪含量高，同时胆固醇含量高。该菜肴含有丰富的维生素 E、蛋白质以及一定量的碳水化合物、钾、铁、锌等。

（3）菜肴的推荐人群

该菜肴适宜普通成年人群食用。重体力劳动者也可适量食用。应注意的是该菜肴能量高、脂肪高，营养密度相对较低，减肥人群不宜食用。高脂血症患者应慎食用。

（八）脆皮香酥鸡腿

1. 菜肴原料

（1）菜肴原料组成

表 1-45　脆皮香酥鸡腿的原料组成表

主料		调料		
	大鸡腿　200g		黄酒　30g	五香粉　10g
			酱油　30g	花椒盐　10g
			白糖　20g	葱段　10g
			食盐　10g	姜块　10g

（2）主料原料特点

本菜品涉及的主料为鸡腿。鸡腿肉多筋少、味美，除切丁炒食外，一般适用于烧、扒、香酥等。

（3）主料卫生要求

本菜品的主料选用新鲜的鸡腿。新鲜鸡腿皮呈淡白色，肌肉结实而有弹性，干燥无异味，用手轻轻按压能够很快复原。

2. 菜肴制作

（1）制作步骤

步骤1 将鸡腿经过基础加工整理清洗干净，剔除筋骨。

步骤2 使用花椒、食盐、葱姜汁将腿肉内外周身搓擦揉匀，再把葱、姜拍松和丁香、八角茴香、小茴香等香料一起放入肉鸡的体腔内，密封之后，在冷却的环境中腌渍120分钟。

步骤3 将腌渍好的鸡腿肉放入盆内，加入酱油、白糖、黄酒、鸡清汤等调料，放入笼屉之中蒸制加热约40分钟，直到肉质软烂成熟后取出。挑拣出花椒、丁香、小茴香、八角茴香、大葱、生姜等，再将鸡腿肉表皮上涂抹上酱油，凉制增色。

步骤4 向锅中注入干净的烹调油，加热至八九成热度，将鸡腿肉平稳地下入油中，待鸡肉表面呈金黄色、肉质成熟、外部酥脆之时捞出沥净油脂。

步骤5 将花椒放入洁净、无油的干净炒锅之中，采用小火烘焙至干香松酥，使用擀面杖将焙干的花椒擀碎，然后按照3∶1的比例，加入食盐搅拌均匀。

步骤6 选用经过消毒处理的砧板和刀具，将炸好的鸡腿肉剁成长度为4cm、宽度为1.7cm的条状，摆放在盘中即可。菜肴上桌时配上花椒盐料碟（或其他味型的调味酱汁）。

（2）制作关键点

A. 使用花椒和食盐搓擦鸡腿肉。B. 蒸熟后去除附着在鸡腿上的花椒、丁香，如果花椒未去除干净，在炸制时易发生爆炸；C. 炸制时油温切忌过低，否则会使炸好的肉质发干，影响菜肴的酥烂质地。可以使用餐纸将炸制后的肉质表面油脂擦干净；D. 斩剁鸡肉块时应采用拍刀剁的刀法，准确定位定型，避免肉质破碎或油脂飞溅。

（3）菜肴成品特点

颜色棕红，口感酥脆，口味咸鲜浓香。

3. 菜肴营养

（1）菜肴的营养标签

表 1-46　脆皮香酥鸡腿营养标签

项目	每100g	NRV%
能量	283kcal	14%
蛋白质	7.4	12%
脂肪	20.4g	34%
胆固醇	66mg	22%
碳水化合物	17.2g	6%
膳食纤维	0.9g	4%
钠	1759mg	88%
钙	34mg	4%
钾	152mg	8%
维生素 A	20μgRE	2%
维生素 B_1	0.02mg	1%
维生素 B_2	0.09mg	6%
维生素 E	6.32mg	45%
磷	85mg	12%
铁	1.8mg	12%
锌	0.71mg	5%

（2）菜肴的营养特点

该菜肴因采用了油炸的熟处理烹饪方法，致使该菜肴能量和脂肪含量高。该菜肴含有丰富的维生素 E，同时也含有较丰富的蛋白质、磷、铁以及一定量的碳水化合物、钾、锌、维生素 B_2 等。

（3）菜肴的推荐人群

该菜肴适宜普通成年人群食用。也适于儿童、重体力劳动者适量选用。应注意的是，该菜肴能量高、脂肪高，营养密度相对较低，减肥人群不宜选用。同时因使用调味品较多，钠含量高，高血压患者应慎用。

六、烤制菜肴的制作与推介

（一）洛林咸肉塔

1. 菜肴原料

（1）菜肴原料组成

表1-47　洛林咸肉塔的原料组成表

类别	原料	类别	原料
主料	咸肉　100g	调料	奶油　50g 奶酪　15g 鸡蛋　50g 盐　适量 胡椒粉　适量
配料	面粉　100g 黄油　50g 洋葱　20g		

（2）主料原料特点

本菜品涉及的主料为咸肉。按产区不同咸肉可分为南肉、北肉及四川咸肉；按所有材料和部位的不同可分为连片、段头及咸腿。

（3）主料卫生要求

本菜品采用的主料是优质的咸肉。优质咸肉具有如下特点：外表干燥清洁，质地紧密而结实，切面平整有光泽，肌肉呈红色或暗红色，具有咸肉固有的风味。

2. 菜肴制作

（1）制作步骤

步骤1　将面粉、黄油和鸡蛋混合揉成面团。放入冰箱醒 10 分钟。

步骤 2 将咸肉切成小丁，放入锅中炒熟，同时加入洋葱碎，炒香。

步骤 3 将和好的混酥面团从冰箱取出，擀成片，放在塔模具中，铺平。倒入炒好的咸肉。

步骤 4 将奶油中加入鸡蛋、盐和胡椒粉，再倒入咸肉中，表面撒上奶酪碎。

步骤 5 放入烤箱内，温度为 180℃，烤制 30 ~ 40 分钟。

（2）制作关键点

混酥面片铺放在模具中，需要把里面的空气挤出去。

（3）菜肴成品特点

菜品通常为饼形，表面色泽金黄，奶香味足，口感酥软相间。

3. 菜肴营养

（1）菜肴的营养标签

表 1–48 洛林咸肉塔营养标签

项目	每100g	NRV%
能量	433kcal	22%
蛋白质	10.4g	17%
脂肪	37.5g	63%
胆固醇	160mg	53%
碳水化合物	0.9g	0.3%
钠	181mg	9%
钙	38mg	5%
钾	257mg	13%
维生素 A	84μgRE	11%
维生素 B_1	0.24mg	17%

项目	每100g	NRV%
维生素 B_2	0.13mg	9%
维生素 E	3.02mg	22%
磷	115mg	16%
铁	1.1mg	7%
锌	1.03mg	7%

（2）菜肴的营养特点

该菜肴能量、脂肪量和胆固醇含量均较高。但同时该菜肴也含有丰富的维生素 E 和较丰富的蛋白质、钾、维生素 A、维生素 B_1、磷以及一定量的维生素 B_2、铁、锌等。

（3）菜肴的推荐人群

该菜肴适宜普通成年人群食用。青少年儿童也可适量食用。适宜低温工作者和重体力劳动者食用。但应注意的是，该菜肴能量高、脂肪高、胆固醇含量较高，高脂血症患者慎食用。减肥人群也应少食用。

（二）焗牡蛎

1. 菜肴原料

（1）菜肴原料组成

表 1-49　焗牡蛎的原料组成表

类别	原料	类别	原料
主料	生蚝　750g	调料	干白　20g 黄油　100g 法香　20g 蒜　20g 芹菜　20g
配料	干葱　50g 面包屑　100g		

（2）主料原料特点

本菜品涉及的主料为生蚝。生蚝，又名牡蛎、海蛎子、生蚝、蚵、蛎黄，外壳极不规则，近似三角形、卵圆形、扇形以及其他不规则的形体，其外壳的颜色也因生活的环境不同而呈现出青灰色、黄褐色等，壳面粗糙，有明显的层状叠纹，壳厚而坚硬。世界上著名品种有法国的铜蚝、大洋洲的生蚝、英国的生蚝、美国的生蚝等，6 ~ 11 月为捕捞的旺季。主要的营养价值：可食部分为 40%，其中水分为 80%，蛋白质为 11.3%，脂肪为 2.3%，碳水化合物为 4.3%。

（3）主料卫生要求

本菜品采用新鲜的生蚝作为主料。选择微微张口的生蚝，轻轻地敲击它的贝壳，活的生蚝会迅速闭上贝壳，而那些无动于衷的是死的生蚝。另外，鲜活的生蚝如果加热进行烹制，紧闭的贝壳会随着加热张开，而那些自始至终都紧闭贝壳的生蚝就是死蚝，千万不要食用。新鲜度高的生蚝有如下特点：撬蚝时有较大的阻力；撬开后没有异味；蚝裙有活力，蚝肉有弹性。

2. 菜肴制作

（1）制作步骤

步骤 1　锅中放干白，干葱碎，少量的盐，胡椒粉，炒 3 ~ 5 分钟，放生蚝。炒熟后，再将其放回壳内，码放好。

步骤 2　将软黄油与干葱碎、法香碎、蒜碎、面包渣混合拌匀，加盐和胡椒粉调味，制成黄油馅。

步骤 3　将黄油馅涂抹在生蚝表面，再撒上一层面包渣。

步骤 4　放到焗炉上焗烤上色。

（2）制作关键点

炒制生蚝时避免时间过久，使得肉质变老。

（3）菜肴成品特点

菜品保持生蚝整体形态，表面色泽金黄，口味鲜香，黄油味道浓郁。

3. 菜肴营养

（1）菜肴的营养标签

表1-50　焗牡蛎营养标签

项目	每100g	NRV%
能量	174kcal	9%
蛋白质	5.4g	9%
脂肪	11.1g	19%
胆固醇	99mg	33%
碳水化合物	13.4g	4%
膳食纤维	0.3g	1%
钠	384mg	19%
钙	102mg	13%
钾	170mg	8%
维生素 A	63μgRE	8%
维生素 B_1	0.02mg	2%
维生素 B_2	0.10mg	7%
维生素 C	0.9mg	1%
维生素 E	0.62mg	4%
磷	97mg	14%
铁	5.3mg	35%
锌	6.69mg	45%

（2）菜肴的营养特点

该菜肴含有丰富的铁和锌，较丰富的蛋白质、钙、磷。同时也含有一定量的钾、维生素 A、维生素 B_2 等。

（3）菜肴的推荐人群

该菜肴适宜多种人群食用。尤其适宜儿童、孕妇、乳母等食用。老年人、高血压患者也可适量食用。但因该菜肴胆固醇含量较高，高脂血症患者应慎食用。

（三）奶汁烤鱼

1. 菜肴原料

（1）菜肴原料组成

表1-51　奶汁烤鱼的原料组成表

类别	原料	类别	原料	原料
主料	鲷鱼　250g	调料	黄油　90g 口蘑　10g 胡萝卜　50g 芹菜　50g 奶酪　10g 奶油　20g	面粉　70g 牛奶　1L
配料	土豆　50g 西红柿　50g 鸡蛋　50g			

（2）主料原料特点

本菜品涉及的主料为鲷鱼。前面已介绍。

（3）主料卫生要求

前面已介绍。

2. 菜肴制作

（1）制作步骤

步骤1　将土豆和鸡蛋煮熟，然后切片。西红柿和口蘑洗净切片。

步骤2　鲷鱼用黄油煎至七成熟。

步骤3　制作奶油少司：黄油，面粉，放入锅中炒香，然后加入煮开牛奶，搅拌均匀，最后放黄油20克搅拌。

步骤4　在烤鱼盘上浇上一层奶油少司，上面放鱼片，周围放土豆片、西红柿片、蘑菇片，表面再浇上奶油少司，撒上奶酪碎，放入烤箱。

（2）制作关键点

鲷鱼在煎制时，煎至半分熟，否则再烤制成熟后，肉质会变硬，变老。

（3）菜肴成品特点

菜品整体被奶油少司覆盖，表面奶酪色泽金黄，带有焦糖色斑点，味道咸鲜，奶油味浓郁。

3. 菜肴营养

（1）菜肴的营养标签

表1-52　奶汁烤鱼营养标签

项目	每100g	NRV%
能量	168kcal	8%
蛋白质	8.8g	15%
脂肪	15.4	26%
胆固醇	78mg	26%
碳水化合物	9.9g	3%
膳食纤维	0.4g	2%
钠	104mg	5%
钙	91mg	11%
钾	193mg	10%
维生素 A	277μgRE	35%
维生素 B_1	0.03mg	2%
维生素 B_2	0.09mg	7%
维生素 C	3.5mg	4%
维生素 E	0.63mg	5%
磷	145mg	21%
铁	1.1mg	8%
锌	0.66mg	4%

（2）菜肴的营养特点

该菜肴营养较全面，营养密度高。该菜肴含有丰富的维生素 A、磷和较丰富的蛋白质、钙、钾，同时也含有一定量的铁、维生素 B_2 等。

（3）菜肴的推荐人群

该菜肴适宜多种人群食用。尤其适宜儿童、孕妇、乳母等食用。电脑工作者可常食用。老年人、高血压患者也可适量食用。

（四）叉烧酱烤鸡翅

1. 菜肴原料

（1）菜肴原料组成

表1-53 叉烧酱烤鸡翅的原料组成表

主料		调料		
	鸡翅中 200g		黄酒 30g	胡椒粉 20g
			生抽 20g	葱姜汁 10g
			五香粉 30g	植物烹调油 20g
			食盐 20g	叉烧酱 50g

（2）主料原料特点

本菜品涉及的主料为鸡翅中。鸡翅中，肉较少而皮多，质地鲜嫩，味美，可烹制“瓤鸡翅”“冬菇鸡翅”。

（3）主料卫生要求

新鲜的鸡翅，其鸡皮色泽白亮，用手轻轻按触，肌肉有弹性，无多余液体渗出；露出的骨头连接处骨髓鲜红，无异味。

2. 菜肴制作

（1）制作步骤

步骤1 将鸡翅清洗干净，控净水分。

步骤2 使用黄酒、生抽、食盐、胡椒粉、葱姜汁、五香粉等将鸡翅腌渍调味。

步骤3 将叉烧酱用黄酒调制成黏稠适度的酱汁，便于刷制使用。

步骤4 将鸡翅放在烤盘中，放入180℃的烤箱中烤制20分钟，待鸡翅表面干燥脱水后刷上叉烧酱继续烤制15分钟。

步骤5 将成熟的鸡翅整齐摆放在清洁预热的餐盘中，浇淋上酱汁即可。

（2）制作关键点

注意烤制温度和时间，不时地观察炉内原料的变化。

（3）菜肴成品特点

颜色红润光亮，肉质感柔软细嫩，口味咸鲜香甜醇厚。

3. 菜肴营养

（1）菜肴的营养标签

表 1-54　叉烧酱烤鸡翅营养标签

项目	每100g	NRV%
能量	213kcal	11%
蛋白质	9.0g	15%
脂肪	11.7g	19%
胆固醇	46mg	15%
碳水化合物	17.4g	6%
膳食纤维	1.8g	7%
钠	3048mg	152%
钙	28mg	4%
钾	243mg	12%
维生素 A	30μgRE	4%
维生素 B_1	0.02mg	1%
维生素 B_2	0.08mg	6%
维生素 E	6.93mg	50%
磷	89mg	13%
铁	4.6mg	31%
锌	1.61mg	11%

（2）菜肴的营养特点

该菜肴提供丰富的铁、维生素 E 以及较丰富的蛋白质、钾、磷、锌，同时也提供一定量的碳水化合物、膳食纤维、维生素 B_2 等。但因该菜肴使用了多种调味品，致使菜肴含钠过高。

（3）菜肴的推荐人群

该菜肴适宜多种人群食用。非常适宜儿童、孕妇、重体力劳动者选用。该菜肴在荤菜类别中属于脂肪与胆固醇含量均不高的菜肴，高脂血症的患者也可少量食用，以补充蛋白质、铁、锌等营养素。高血压患者食用时，应尽量不使用调味品。

七、焖制菜肴的制作与推介

（一）焖比目鱼佐白酒汁

1. 菜肴原料

（1）菜肴原料组成

表 1-55　焖比目鱼佐白酒汁的原料组成表

类别	原料	原料	类别	原料
主料	净比目鱼肉　600g		调料	黄油　100g 干白葡萄酒　200ml 鲜奶油　200ml 盐　7g 柠檬汁　少许 胡椒粉　少许
辅料	葱头　80g 西红柿　100g 鲜蘑　50g	番芫荽　30g 大蒜　2 瓣 鱼基础汤　300ml		

（2）主料原料特点

本菜品涉及的主料为比目鱼。比目鱼又名牙鲆鱼、偏口、牙偏、左口鱼、花布鲆，硬骨鱼纲鲽形目鲆科牙鲆属，为海洋地层暖水食肉近海洄游性鱼类，比目鱼为中国的名贵经济鱼类。比目鱼身体呈扁平形而不对称，两眼在左侧，口前位，下颚稍有突出，前鳃盖骨边缘游离，鱼体上面呈黑褐色、身体细小鳞片，腹部呈黄白色、背腹鳍变长与尾柄相连，尾鳍发达呈圆形。其仔鱼是左右对称的鱼，生活在上层水域，经 6 个月的生长后仔鱼沉入水底，身体变态后眼睛转为一侧（左），潜伏于泥沙质海底中集群生长。比目鱼肉质洁白，肉多刺少，肉质细嫩鲜美。产区在黄海、渤海渔场，其中以秦皇岛产的质量最好，汛期5～6月，10～11月为出产旺季。主要营养价值：可食部分为77%，其中水分为73%、蛋白质为23%、脂肪为1.1%、碳水化合物为0.5%。

（3）主料卫生要求

本菜品采用净比目鱼肉作为主料。净比目鱼肉在加工前，需解冻处理。如采用水解冻应注意水温，水温不宜过高，一般在4℃～10℃即可。解冻时间不宜过长，如过长应勤换水，避免滋生微生物。

2. 菜肴制作

（1）制作步骤

步骤1　在鱼肉上均匀地撒上盐、胡椒粉，再把尾部折回，用油煎上色。

步骤2　把大蒜汁液涂在烤盘上，再抹上一层黄油。

步骤3　把西红柿、葱头、鲜蘑切小丁，番芫荽切末撒在烤盘上，再放上鱼，倒上鱼基础汤、干白葡萄酒，在炉灶上热开后，盖上油纸，放入180℃的烤箱内焖熟。

步骤4　把鱼肉取出，汁液过箩，放入鲜奶油、盐、胡椒粉，待煮透后，再调入软黄油。

步骤5　把鱼肉放在盘中间，浇上少司，盘边配上煮土豆及蔬菜即好。

（2）制作关键点

A. 基础汤用量要适当，以没过原料的1/2为宜。B. 焖制前要先在炉灶上把汤加热至沸，再加盖放入烤箱。C. 在烤箱中焖制的温度是180℃左右，汤汁的温度要求在80℃～90℃。

（3）菜肴成品特点

乳白色，有光泽，鱼为长方块，完整不碎，口味鲜香，酒味浓郁，微咸、酸，口感软嫩多汁。

3. 菜肴营养

（1）菜肴的营养标签

表 1-56　焖比目鱼佐白酒汁营养标签

项目	每100g	NRV%
能量	220kcal	11%
蛋白质	9.9g	17%
脂肪	16.5g	28%
胆固醇	71mg	24%
碳水化合物	6.0	2%
膳食纤维	0.5g	2%
钠	263mg	13%
钙	46mg	6%
钾	347mg	19%
维生素 A	61μgRE	8%
维生素 B_1	0.06mg	5%
维生素 B_2	0.06mg	4%
维生素 C	3.7mg	4%
维生素 E	0.60mg	4%
磷	95mg	14%
铁	1.1mg	7%
锌	0.51mg	3%

（2）菜肴的营养特点

该菜肴含有丰富的钾以及较丰富的蛋白质、磷，同时也含有一定量的钙、铁、维生素 A 等。同时作为荤菜来说，脂肪和胆固醇含量不算高。

（3）菜肴的推荐人群

该菜肴适宜多种人群食用。正在生长发育的儿童、孕妇、乳母尤其适宜。高血压、高脂血症患者也可适量食用。

（二）红酒汁焖猪排卷

1. 菜肴原料

（1）菜肴原料组成

表 1-57　红酒汁焖猪排卷的原料组成表

主料	猪通脊肉　500g		配料	黄油炒面条　200g
辅料	菠菜叶　50g 布朗少司　200ml 咸肥膘　80g 葱头　50g	胡萝卜　50g 芹菜　50g 鲜蘑　20g	调料	黄油　100g 干红葡萄酒　100ml 盐　8g 胡椒粉　少许

（2）主料原料特点

本菜品涉及的主料为猪通脊肉。猪通脊肉在背骨外，有两条，含有丰富的蛋白质和人体必需的氨基酸，易消化，富含维生素 B_1。

（3）主料卫生要求

前面已介绍。

2. 菜肴制作

（1）制作步骤

步骤 1　把葱头、胡萝卜、芹菜、鲜蘑切成丝，用黄油炒香，放入干红葡萄酒、盐、胡椒粉炒成馅。

步骤 2　把通脊肉片成大片，撒匀盐、胡椒粉，码上肥膘，再铺上一层烫过的菠菜叶，倒上炒好的馅，卷成卷，用线绳捆好。

步骤 3　把肉卷用油煎上色，放入烤盘中，倒上基础汤，盖上锡纸，放入 180℃的烤箱中焖熟。

步骤 4　用红葡萄酒煮葱头末，加烧汁及焖肉原汁放盐，胡椒粉调味，放黄油调浓度。

步骤 5　把肉卷切成厚片，码在盘内，盘边配炒面条，淋上少司即成。

（2）制作关键点

A. 菜丝要均匀放在猪肉上，肉卷要卷均匀，捆扎牢固。防止在加热时，原料松散；B. 烤焖时，要用锡纸封盖严密，注意烤箱的温度，防止烤干；C. 装盘及配菜搭配要合理。

（3）菜肴成品特点

肉卷为褐色，间有蔬菜的红绿色，厚片状，整齐不散，有酒香，微咸，口感软嫩适口。

3. 菜肴营养

（1）菜肴的营养标签

表1-58　红酒汁焖猪排卷营养标签

项目	每100g	NRV%
能量	249kcal	12%
蛋白质	10.3g	17%
脂肪	17.4g	29%
胆固醇	55mg	18%
碳水化合物	11.9g	4%
膳食纤维	0.5g	2%
钠	307mg	15%
钙	13mg	2%
钾	195mg	10%
维生素 A	35μgRE	4%
维生素 B_1	0.24mg	17%
维生素 B_2	0.08mg	6%
维生素 C	3.4mg	3%
维生素 E	0.41mg	3%
磷	114mg	16%
铁	1.7mg	11%
锌	1.30mg	9%

（2）菜肴的营养特点

该菜肴含有较丰富的蛋白质、维生素 B_1、磷、铁、钾，同时也含有一定量的碳水化合物、锌、维生素 B_2 等。该菜肴搭配了主食，补充了一定量的碳水化合物，同时又起到了蛋白质互补作用。

（3）菜肴的推荐人群

该菜肴适宜多种人群食用。正在生长发育的儿童、孕妇、乳母尤其适宜。重体力劳动者也可适量食用。

八、炖制菜肴的制作与推介

（一）清炖狮子头

1. 菜肴原料

（1）菜肴原料组成

表 1-59　清炖狮子头的原料组成表

类别	原料	类别	原料	
主料	猪肋条肉　200g	调料	虾子　10g	鸡粉　10g
			绍兴黄酒　20g	葱姜汁　10g
			鸡蛋　20g	白胡椒粉　10g
配料	荸荠　50g		玉米淀粉　20g	
	小菜心　100g		食盐　10g	

（2）主料原料特点

本菜品涉及的主料为猪肋条肉，即猪五花肉。辅料为荸荠和小菜心。荸荠属于地下茎类，富含淀粉，不仅可以做菜食，也可以做水果食用。菜心，又名青菜苔，叶及花茎均为绿色，广东栽培较多，如广州的三月青，青梗柳叶，大茎菜心等。

（3）主料卫生要求

前面已介绍。

2. 菜肴制作

（1）制作步骤

步骤1 将荸荠清洗干净削去外皮，切成细小的碎粒形状之后备用，将虾子漂洗干净，使用清汤浸泡涨发至透，将菜心焯水之后洗净，蟹黄漂洗干净备用。

步骤2 将猪肉选修刮洗干净，控净水分，仔细切成边长为 0.3 ～ 0.4cm 见方的肉粒形状，进行简单的斩剁处理，备用。

步骤3 将猪肉放在不锈钢材质的容器之中，将胡椒粉、姜汁、绍兴黄酒、蛋白、虾子、冷却的清汤放入肉粒之中，将猪肉粒充分搅拌摔打吸水上劲，然后加入食盐增味和生劲，而后，将猪肉粒密封冷藏 10 分钟，以增强猪肉的嫩化程度和成形凝结力，取出后混合荸荠碎粒，并搅拌均匀。

步骤4 向陶质的炖锅中放入足量的清汤置于火上烧开，撇净浮沫，改成小火力加热汤汁，放入黄酒、白胡椒粒和食盐进行调味，双手蘸着水淀粉液体，将混合好的肉料团制成直径为 5 ～ 6cm、100 ～ 150g 大小的肉球 4 ～ 6 只。团制肉球时，将每个大肉球镶嵌上蟹黄，然后依次轻轻地放入到清汤之中，加热烧开再次撇净浮沫，加盖之后改成小火力加热 90 ～ 100 分钟。

步骤5 选择洁净预热的紫砂或陶瓷汤罐，将成熟的肉球取出盛入盛器，放入菜心，将汤汁澄清过滤，调理好口味之后，及时盛入盛放肉球的容器之中，进行必要的点缀装饰，加盖封闭即可。

（2）制作关键点

A. 烹调之前一定要对陶质炖锅进行检查并清理干净，炖制方法时间较长，原料形体较大，适宜加盖封闭加热，确保汤汁数量宽余，及时查看避免煳底干锅、B. 为了保持清汤自然醇厚、鲜美清洁，不宜在汤汁中添加颜色、口味浓重的调料和辅料。

（3）菜肴成品特点

菜品肉质形体圆润光滑，汤汁颜色澄清明亮，肉质口味咸鲜清香，汤汁口感鲜美醇厚，肉质香气浓郁芬芳，口感柔软松嫩、肥而不腻。

3. 菜肴营养

（1）菜肴的营养标签

表1-60　清炖狮子头营养标签

项目	每100g	NRV%
能量	308kcal	13%
蛋白质	6.9g	9%
脂肪	27.4g	41%
胆固醇	89mg	30%
碳水化合物	8.5g	2%
膳食纤维	0.6g	2%
钠	1087mg	49%
钙	41mg	5%
钾	208mg	10%
维生素A	47μgRE	6%
维生素 B_1	0.06mg	4%
维生素 B_2	0.06mg	4%
维生素C	9.7mg	10%
维生素E	0.35mg	2%
磷	90mg	13%
铁	1.9mg	13%
锌	1.15mg	8%

（2）菜肴的营养特点

该菜肴因采用的主料是猪肋条，致使该菜肴的能量高和脂肪含量高。

该菜肴含有较丰富的蛋白质、磷、铁，同时含有荤菜类所缺乏的维生素 C 以及钾、锌、维生素 A 等。

（3）菜肴的推荐人群

该菜肴适宜普通成年人群食用。重体力劳动者也可适量食用。应注意的是，该菜肴能量高、脂肪高，营养密度相对较低，减肥人群不宜食用。

（二）竹荪炖乌鸡

1. 菜肴原料

（1）菜肴原料组成

表1-61　竹荪炖乌鸡的原料组成表

类别	原料	类别	原料
主料	乌鸡 200g	调料	绍兴黄酒 20g 食盐 10g 葱姜汁 20g 白胡椒粒 10g
配料	淮山 20g 枸杞 20g		

（2）主料原料特点

本菜品涉及的主料为乌鸡。乌鸡，又称武山鸡、乌骨鸡，是一种杂食家养禽类。从营养价值上看，乌鸡的营养远远高于普通鸡，吃起来的口感也非常细嫩。由于饲养的环境不同，乌鸡的特征也有所不同，有白羽黑骨、黑羽黑骨、黑骨黑肉、白肉黑骨等。乌鸡是中国特有的药用珍禽，有较好的药用和食疗作用，被人们称作"名贵食疗珍禽"。以江西泰和所产乌骨鸡最为正宗，泰和乌鸡体形娇小玲珑。

（3）主料卫生要求

选购处理好的乌鸡时，请到正规市场及厂家购买，以防购买到病死鸡肉；若选购活鸡，切忌选购病鸡。因为病鸡的身体某处存在着病变，此病变处布满病毒和细菌。在宰杀、烹调一系列的加工过程中，若残留未杀死的病菌，人食用后会出现中毒症状，如恶心、呕吐、腹泻，甚至高烧等。

2. 菜肴制作

（1）制作步骤

步骤1 将乌鸡整理清洗干净，剔除骨骼，切割成核桃大小的块形。枸杞用冷水泡至回软。

步骤2 将鸡肉轻轻蘸上一层玉米淀粉，进行焯水或蒸制处理，清洗干净，控净水分备用。

步骤3 用陶器或气锅盛装鸡块、淮山、枸杞，用胡椒粉、姜汁、绍兴黄酒、冷却的清汤调理。

步骤4 将陶质的盛器放入蒸锅内，蒸制30分钟。

步骤5 撇掉浮沫、清理容器即可。

（2）制作关键点

A. 鸡肉加工时规格形状统一。B. 不时撇去浮沫，保证汤的清澈。

（3）菜肴成品特点

乌鸡肉圆润、光滑、饱满，汤汁澄清明亮，口感鲜美醇厚。

3. 菜肴营养

（1）菜肴的营养标签

表1-62　竹荪炖乌鸡营养标签

项目	每100g	NRV%
能量	89kcal	4%
蛋白质	11.6g	19%
脂肪	1.3g	2%
胆固醇	48mg	16%
碳水化合物	8.2g	3%

项目	每100g	NRV%
膳食纤维	1.4g	6%
钠	1316mg	66%
钙	18mg	2%
钾	216mg	11%
维生素 A	106μgRE	13%
维生素 B_1	0.04mg	3%
维生素 B_2	0.13mg	9%
维生素 C	1.3mg	1%
维生素 E	0.93mg	7%
磷	120mg	17%
铁	1.9mg	12%
锌	0.95mg	6%

（2）菜肴的营养特点

该菜肴高蛋白、低脂肪，营养密度高。除含有丰富的蛋白质外，还含有较丰富的维生素 A、钾、磷、铁，同时也含有一定量的膳食纤维、维生素 B_2、锌等。

（3）菜肴的推荐人群

该菜肴适宜多种人群食用。儿童、孕妇、乳母、老年人均适宜。减肥人群、高脂血症患者也可适当食用。但因菜肴中含钠较多，高血压患者若食用，应降低菜肴中的食盐使用量。

（三）干菜笋炖肉

1. 菜肴原料

（1）菜肴原料组成

表 1-63　干菜笋炖肉的原料组成表

主料	调料	
带皮五花肉（精）200g	黄酒　50g	植物烹调油　40g
	酱油　20g	白砂糖　20g
	干菜笋　30g	葱段　20g
	食盐　10g	蒜片　20g
	白胡椒粉　10g	姜片　20g

（2）主料原料特点

本菜品涉及的主料为猪五花肉。前面已介绍。

（3）主料卫生要求

前面已介绍。

2. 菜肴制作

（1）制作步骤

步骤 1　选择质地新鲜、皮肉完整的薄皮五花硬肋，将外皮表层烧燎焦化之后，使用 70℃ ~ 80℃的热水分次泡烫柔软，仔细刮掉猪皮表层黑膜。使用冷水将干菜笋清洗干净。

步骤 2　将整块的猪肉均匀切割成小型长方块状，经过焯水处理后，控净水分。

步骤 3　使用深红色酱油对肉块进行腌渍着色处理，干燥之后，放入热油中炸制 3 分钟，定型上色后取出，控净油脂。

步骤 4　将炒锅清洗干净，放入适量的植物油和白砂糖，轻轻炒制成棕红色的糖浆，散发出焦糖味，迅速放入葱段、蒜片、姜片和肉块，翻炒至猪肉均匀着色增香。

步骤 5　在肉锅中加入干菜笋、黄酒、食盐、白胡椒粉、酱油、白砂糖等，放入适量的清水，调制成咸甜适中的口味。

步骤 6　炖锅加盖封闭，改用小火烧制 40 分钟，待肉质柔软香滑醇厚之时，酱汁黏稠水分蒸发之后，起锅盛装。

步骤 7　将炖制成熟的红色猪肉块轻轻取出，码放在餐盘中，点缀装饰上配菜或装饰原料即可。

（2）制作关键点

A. 采用 70℃ ~ 80℃热水泡烫皮膜，直到露出黄棕色皮层。B. 因为炖制的酱汁中加入了白砂糖，酱汁在高温加热过程，会使水分蒸发，导致焦糖形成，注意及时晃动检查烧锅，防止猪肉干锅煳底。

（3）菜肴成品特点

菜品体形完整，酱汁色泽红润光洁，酱汁黏稠适度，肉质气味芳香醇厚，口味咸甜适中，香味醇厚。

3. 菜肴营养

（1）菜肴的营养标签

表1-64　干菜笋炖肉营养标签

项目	每100g	NRV%
能量	298kcal	15%
蛋白质	6.3g	11%
脂肪	25.5g	43%
胆固醇	45mg	15%
碳水化合物	12.3g	4%
膳食纤维	3.2g	13%
钠	1000mg	50%
钙	15mg	2%
钾	194mg	10%
维生素 A	20μgRE	3%
维生素 B_1	0.07mg	5%
维生素 B_2	0.06mg	4%
维生素 C	1.3mg	1%
维生素 E	6.16mg	44%
磷	62mg	9%
铁	1.4mg	9%
锌	0.85mg	6%

（2）菜肴的营养特点

该菜肴采用干菜笋为辅料，使得该菜肴含有较丰富的膳食纤维。同时该菜肴含有丰富的维生素 E 和较丰富的蛋白质、钾，以及一定量的磷、铁、锌等。

（3）菜肴的推荐人群

该菜肴适宜普通成年人群食用。重体力劳动者也可适量选用。应注意的是，该菜肴能量高、脂肪高，钠含量高，高脂血症、高血压患者应尽量少用。

（四）无锡排骨

1. 菜肴原料

（1）菜肴原料组成

表1-65 无锡排骨的原料组成表

主料		调料		
	猪排骨 200g		黄酒 20g	葱段 10g
			米醋 10g	姜花片 10g
			冰糖 10g	姜汁 10g
			白糖 10g	香叶 10g
			食盐 10g	桂皮 10g
			白胡椒粉 10g	陈皮 10g
			植物烹调油 20g	

（2）主料原料特点

本菜品涉及的主料为猪排骨。本菜品采用的猪肋排含骨骼少，肉多，含有丰富的蛋白质，并有骨膜。猪肋排可用于红烧类菜肴、炖菜、蒸菜等菜品的制作，具有丰富的口感。

（3）主料卫生要求

本菜品的主料为新鲜猪排骨。在选购排骨时，要求排骨肉颜色明亮呈红色，用手摸起来感觉肉质紧密，表面微干或略显湿润且不黏手的，按下后的凹印可迅速恢复，闻起来没有腥臭味的为佳。

2. 菜肴制作

（1）制作步骤

步骤1　将猪排骨清洗干净，擦净外表水分，均匀切成长条形状。

步骤2 先将水锅烧开，放入排骨块，均匀烫制半成熟后，清洗干净控净水分，然后放在热油之中炸制定型上色，去掉油污。

步骤3 将绵白糖炒制成焦糖色，放入葱段、姜片、排骨一同煸炒着色，之后烹入黄酒，加入食盐、米醋、胡椒粉、冰糖、香叶、桂皮、清水等调料，调制成咸甜适中的酱汁。

步骤4 采用小火烧制酱汁黏稠，排骨酥软成熟即可。

步骤5 前期使用中到大火迅速将汤汁加热使水分蒸发浓缩，后期改用小火将酱汁的水分蒸发，烧制黏稠光亮，包裹住排骨。

步骤6 将烧制成熟的排骨堆放在餐盘中，进行必要的点缀。

（2）制作关键点

注意及时翻锅防止焦糖褐变，避免酱汁变黑。

（3）菜肴成品特点

排骨肉形状完整，芡汁黏稠并包裹紧密，色泽红润光亮，口味甜咸清香，肉质柔韧。

3. 菜肴营养

（1）菜肴的营养标签

表1-66 无锡排骨营养标签

项目	每100g	NRV%
能量	283kcal	14%
蛋白质	10.1g	17%
脂肪	19.1g	32%
胆固醇	74mg	25%
碳水化合物	19.7g	7%
膳食纤维	2.4g	10%
钠	1428mg	65%

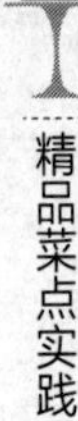

项目	每100g	NRV%
钙	22mg	3%
钾	170mg	8%
维生素A	7μgRE	1%
维生素B_1	0.16mg	12%
维生素B_2	0.11mg	8%
维生素E	3.54mg	25%
磷	92mg	13%
铁	2.6mg	17%
锌	2.17mg	14%

（2）菜肴的营养特点

该菜肴含有较丰富的蛋白质、维生素B_1、维生素E、铁、磷、锌，同时也提供一定量的碳水化合物、钾、维生素B_2等。

（3）菜肴的推荐人群

该菜肴非常适宜正在生长发育的儿童食用。重体力劳动者也可适量食用。应注意的是，该菜肴能量高、脂肪和胆固醇含量较高，钠含量高，高脂血症、高血压患者均应少食用。该菜肴所提供的碳水化合物多为蔗糖，所以糖尿病人应慎食用。

九、烩制菜肴的制作与推介

（一）红酒烩牛肉

1. 菜肴原料

（1）菜肴原料组成

表1-67　红酒烩牛肉的原料组成表

类别	原料	类别	原料	原料
主料	牛肉　300g	调料	胡萝卜　60g	牛棕色基础汤　500g
			洋葱　60g	植物油　适量
			面粉　20g	黄油　10g
配料	咸肉　30g		香草束　50g	盐　适量
	口蘑　20g		蒜　10g	糖　适量
	小洋葱　50g		红葡萄酒　20g	胡椒粉　适量

（2）主料原料特点

本菜品涉及的主料为牛肉。牛肉在肌肉组织特点上其纤维状况要比猪肉粗糙而紧密，初步加工后其蛋白质凝固收缩，使肉变得更难咀嚼，因此需要长时间地加热，如焖、卤、酱、烧、炖等是常用的加工技法，可制作成五香酱牛肉、盐水卤牛肉等。但牛背部和部分臀部肌肉，其纤维短、筋膜少同样适合于爆、炒等。

（3）主料卫生要求

前面已介绍。

2. 菜肴制作

（1）制作步骤

步骤1 将胡萝卜和洋葱切成小块。

步骤2 锅中倒入植物油，加入切成块状的牛肉，直到炒上色。加入胡萝卜和洋葱，加入面粉。

步骤3 把面粉搅拌均匀，加入红葡萄酒（以勃艮第葡萄酒为最佳），煮开后加入棕色牛肉基础汤、蒜和香草束。盛出放入烤箱中，烤箱温度设置为180℃，烤制2小时即可。

步骤4 在此期间，锅中放入少许黄油，炒小洋葱，加入少许牛棕基础汤，煮干上色。

步骤5 咸肉切成条放入开水焯。焯好后过滤。放入不粘锅中干炒上色后，取出。再放入切成丁的口蘑，炒制数分钟。

步骤6 牛肉在烤制的过程中，不时地搅拌，避免过低黏稠。把牛肉块取出，剩下的汤汁过滤，将牛肉放到干净的锅中。再加入炒好的咸肉、小洋葱和口蘑，加热调味，当汁变浓稠即可。

步骤7 装盘，热食。

（2）制作关键点

牛肉块必须用油旺火煎上颜色，使其表皮形成一层硬壳，以避免水分流失。

（3）菜肴成品特点

菜品风味突出，颜色棕红，红酒味道浓郁，牛肉质地软烂。

3. 菜肴营养

（1）菜肴的营养标签

表1-68　红酒烩牛肉营养标签

项目	每100g	NRV%
能量	100kcal	5%
蛋白质	9.9g	17%
脂肪	3.3g	5%
胆固醇	28mg	9%
碳水化合物	8.5g	3%
膳食纤维	0.9g	4%
钠	224mg	20%
钙	9mg	1%
钾	142mg	11%
维生素 A	39μgRE	5%
维生素 B_1	0.06mg	4%
维生素 B_2	0.08mg	5%
维生素 C	0.9mg	1%
维生素 E	2.71mg	19%
磷	130mg	19%
铁	2.9mg	20%
锌	2.86mg	19%

（2）菜肴的营养特点

该菜肴营养较全面，营养密度高。含有较丰富的蛋白质、维生素 E、磷、铁、锌、钾，同时也含有一定量的维生素 A、维生素 B_2 等。

（3）菜肴的推荐人群

该菜肴适宜多种人群食用。儿童、孕妇、乳母、老年人均适宜。因含能量相对较低，脂肪含量不高，非常适宜减肥人群食用。高脂血症、高血压患者也可经常食用。

（二）西湖莼菜羹

1. 菜肴原料

（1）菜肴原料组成

表1-69 西湖莼菜羹的原料组成表

类别	原料	类别	原料	原料
主料	瓶装莼菜 50g	调料	黄酒 30g	鸡粉 10g
			玉米淀粉 30g	香油 10g
配料	鸡胸肉 50g		食盐 10g	鸡蛋 20g
			姜汁 10g	
			白胡椒粉 10g	

（2）主料原料特点

本菜品涉及的主料为莼菜。莼菜又称石莼、海白菜、纸菜、绣菜，晒干后，供食用，世界各地均产。莼菜属于绿藻门，植物体呈绿色，有叶绿素，藻体中贮藏淀粉，是极其著名的高蛋白食物。

（3）主料卫生要求

莼菜属水生蔬菜，含水量极高，易被微生物侵染。莼菜采摘后，机械伤害不仅使其呼吸作用改变，导致异味的产生，且机械伤害造成的伤口促进了微生物的入侵，造成其耐储性较差，因此，购买莼菜时，应挑选新鲜完整的菜。如不能及时烹调，可将菜放进洁净的冷水中，水温不超过 20℃，可保鲜 2 天，如放在 3℃ ~ 5℃的低温下可保鲜 5 天左右。

2. 菜肴制作

（1）制作步骤

步骤 1　将瓶装莼菜出水清洗控净水分，鸡肉粉碎成茸泥，并进行

上浆处理，蒸制成鸡豆花。

步骤 2　将煮锅中的清汤烧开之后，撇去汤汁上面的浮沫，放入莼菜和鸡豆花，加入黄酒、姜汁、食盐、胡椒粉等，调制成为色泽金黄、咸鲜的汤汁。

步骤 3　调制好清汤的颜色和口味，淋入调稀的水淀粉，搅拌均匀增加汤汁的黏稠度，使汤汁形成米汤芡的浓稠程度，烩制成型。

步骤 4　选择预热洁净的圆形汤碗，将烩制的菜品轻轻盛入器皿之中。

特别提示：增稠的汤汁应避免随意搅拌，以造成汤汁黏度降低。

（2）制作关键点

注意芡汁的浓稠度。

（3）菜肴成品特点

口味咸鲜清香，汤质黏稠醇厚芳香，汤汁晶莹清澈。

3. 菜肴营养

（1）菜肴的营养标签

表 1-70　西湖莼菜羹营养标签

项目	每100g	NRV%
能量	95kcal	5%
蛋白质	4.2g	7%
脂肪	3.7g	6%
胆固醇	36mg	12%
碳水化合物	10.6g	4%
膳食纤维	0.2g	1%
钠	2155mg	108%
钙	13mg	2%
钾	65mg	3%
维生素 A	17μgRE	2%

项目	每100g	NRV%
维生素 B_1	0.02mg	1%
维生素 B_2	0.04mg	3%
维生素 E	1.79mg	12%
磷	46mg	7%
铁	2.3mg	15%
锌	0.58mg	4%

注：加水 200 克分析。

（2）菜肴的营养特点

该菜肴在羹类菜肴中属于营养较全面的菜肴。该菜肴含有丰富的铁和较丰富的蛋白质、磷，同时也含有一定量的碳水化合物、锌等。

（3）菜肴的推荐人群

该菜肴适宜普通成年人群食用。高温工作者、重体力劳动者也可适量食用。应注意的是，该菜肴使用调味品较多，高血压患者慎食用。

（三）鸡茸粟米羹

1. 菜肴原料

（1）菜肴原料组成

表 1-71　鸡茸粟米羹的原料组成表

类别	原料	类别	原料	原料
主料	甜玉米粒　100g	调料	黄酒　20g	白胡椒粉　10g
			酱油　20g	鸡粉　30g
			玉米淀粉　30g	香菜　20g
配料	胡萝卜　30g		食盐　20g	香油　10g
	绿色豌豆　30g		姜汁　20g	鸡蛋　20g

（2）主料原料特点

本菜品涉及的主料为甜玉米粒。玉米属禾本科植物，学名玉蜀黍，又称苞谷、棒子。我国栽培面积较广，主要产于四川、河北、吉林、黑龙江、山东等省。是我国主要的杂粮之一，为高产作物。

玉米的种类较多，按其籽粒的特征和胚乳的性质，可分为硬粒型、马齿型、粉型、甜型；按颜色可分为黄色玉米、白色玉米和杂色玉米三种。东北地区多种植质量最好的硬粒型玉米，华北地区多种植适于磨粉的马齿型玉米。玉米的胚特别大，约占籽粒总体积的30%，它既可磨粉，又可制米，没有等级之分，只有粗细之别。粉可做粥、窝头、发糕、菜团等；米（玉米渣）可煮粥、焖饭。另外，玉米全粒的脂肪有80%左右集中在胚中，因而玉米胚还可制油。玉米中的蛋白质缺少色氨酸，因而不是优质的蛋白质，但玉米中含有较多的纤维素、灰分、胡萝卜素（黄色玉米）和维生素E。

（3）主料卫生要求

应选用颗粒完整饱满、无霉变、无虫蛀的甜玉米粒。玉米为黄曲霉菌最适宜的生长基质，在适宜的条件下，最易产生致癌物质黄曲霉素，因此，所选用的玉米不能有霉变。

2. 菜肴制作

（1）制作步骤

步骤1　将鸡蛋液中加入适量的食盐、黄酒、胡椒粉后一同调制混合均匀。

步骤2　将胡萝卜切成与豌豆大小相同的方丁后，焯水冷却，玉米粒、绿豌豆清洗干净焯水后控净水分。

步骤3　将煮锅中的清汤烧开之后，撇去汤汁上面的浮沫。

步骤4　在汤汁中放入玉米、绿豌豆和胡萝卜，加入黄酒、姜汁、食盐、胡椒粉等，调制成为金黄色泽和咸鲜的味型。

步骤5　调制好汤汁的颜色和口味，淋入调稀的水淀粉，迅速搅拌均匀，使汤汁黏度增稠与其他原料融为一体，烩制成型。

步骤6　将鸡蛋液淋呈细丝状，均匀地撒入汤汁中，形成黄色的须状即可。

步骤7　选择预热洁净的圆形汤碗，将烩制的汤羹轻轻盛入器皿之中，淋入适量的香油和香醋，配上香菜叶即可。

（2）制作关键点

增稠之后的汤汁应避免随意搅拌，造成汤汁黏度降低。因为有人对香菜的味型不适，因此不要擅自把香菜末混入汤汁中。

（3）菜肴成品特点

口味咸鲜微甜，清香黏滑浓稠，汤汁清亮。

3. 菜肴营养

（1）菜肴的营养标签

表1-72　鸡茸粟米羹营养标签

项目	每100g	NRV%
能量	116kcal	6%
蛋白质	3.7g	6%
脂肪	2.3g	4%
胆固醇	18mg	6%
碳水化合物	22.6g	8%
膳食纤维	3.0g	12%
钠	2248mg	112%
钙	15mg	2%
钾	85mg	4%
维生素 A	60μgRE	8%
维生素 B_1	0.04mg	3%
维生素 B_2	0.04mg	3%
维生素 C	2.0mg	2%
维生素 E	1.50mg	11%
磷	31mg	4%
铁	2.6mg	17%
锌	0.45mg	3%

注：加水300克分析。

（2）菜肴的营养特点

该菜肴含有丰富的铁、膳食纤维和较丰富的蛋白质、碳水化合物、维生素A、维生素E，同时也含有一定量的钾、磷等。

（3）菜肴的推荐人群

该菜肴适宜多种人群食用。孕妇、乳母、老年人均适宜食用。因含脂肪较低，减肥人群、高脂血症患者均可常食用。但应注意的是，该菜肴使用调味品较多，高血压患者慎食用。

（四）酸辣乌鱼蛋汤

1. 菜肴原料

（1）菜肴原料组成

表1-73　酸辣乌鱼蛋汤的原料组成表

主料		调料		
	腌制乌鱼蛋　100g		黄酒　20g	姜汁　10g
			酱油　30g	白胡椒粉　10g
			香醋　10g	鸡粉　10g
			玉米淀粉　20g	香菜　10g
			食盐　10g	香油　10g

（2）主料原料特点

本菜品涉及的主料为腌制乌鱼蛋。乌鱼蛋是由软体动物门头足纲墨鱼雌性墨鱼体腔中的产卵腺体加工腌渍而成。剖开雌性墨鱼的体腔，将乌鱼蛋取下，经过摘洗后，用食盐水溶液直接浸泡腌渍，以山东日照、石臼所加工制成的乌鱼蛋较多。

（3）主料卫生要求

本菜品所用的腌制乌鱼蛋，应从正规厂家购买，购买时应看清生产厂家、生产日期、配料等信息。有些厂家在腌制乌鱼蛋时除食盐外，会加入明矾，由于明矾中含有铝，长期食用会导致老年痴呆症，因此，国家也对明矾的添加量进行明确的限量规定。

2. 菜肴制作

（1）制作步骤

步骤1　将腌制的乌鱼蛋清洗干净，剥去表层的脂皮，放入凉水锅中煮制，烧开后浸泡60分钟，然后将乌鱼蛋一片一片地轻轻剥离揭开，成为单片钱币形状，放入冷水中浸泡60分钟，漂去腥臭气味。如此反复数次，能够除掉浓重的咸腥苦涩滋味。

步骤2　将煮锅中的清汤烧开之后，撇去汤汁上面的浮沫。

步骤3　清汤中放入乌鱼蛋片，加入酱油、黄酒、姜汁、食盐、胡椒粉等，调制成为金黄色泽和咸鲜味型。

步骤4　调制好清汤的颜色和口味，淋入调稀的水淀粉，搅拌均匀增稠汤汁的黏稠度，使汤汁形成米汤芡的浓稠程度，烩制成型。

步骤5　选择预热洁净圆形汤碗，将烩制的菜品轻轻盛入器皿之中，淋入适量的香油和香醋，配上香菜叶即可。

（2）制作关键点

A. 煮制加工好的乌鱼蛋片须用清水浸泡，存放在冷却的环境之中，每天需要换水一次，清除部分腥臭气味；B. 特别提示：增稠的汤汁应避免随意搅拌，造成汤汁黏度降低。因为有人对香菜的味型不适，因此不要擅自把香菜末混入汤汁中。

（3）菜肴成品特点

汤汁颜色金黄，口味咸鲜清香，乌鱼蛋片洁白滑嫩，汤汁黏稠适中，与乌鱼蛋片融为一体。

3. 菜肴营养

（1）菜肴的营养标签

表1-74　酸辣乌鱼蛋汤营养标签

项目	每100g	NRV%
能量	92kcal	5%
蛋白质	3.8g	6%
脂肪	5.1g	9%
胆固醇	109mg	36%
碳水化合物	7.1g	2%
膳食纤维	0.2g	1%
钠	1885mg	94%
钙	44mg	5%
钾	65mg	3%
维生素 A	28μgRE	3%
维生素 B_1	0.01mg	1%
维生素 B_2	0.04mg	2%
维生素 C	1.2mg	1%
维生素 E	2.74mg	20%
磷	64mg	9%
铁	2.3mg	15%
锌	0.67mg	4%

注：加水200克分析

（2）菜肴的营养特点

该菜肴含有丰富的铁、维生素 E 和较丰富的蛋白质、磷，同时也含有一定量的钙、锌等。

（3）菜肴的推荐人群

该菜肴适宜普通成年人群饮用。低温工作者可常食用，该菜肴含铁丰富。非常适宜贫血患者。应注意的是，该菜肴使用调味品较多，钠含量高，高血压患者慎用。同时胆固醇含量高，高脂血症患者也应慎用。

第二章　面点的制作与推介

一、水调面坯的面点制作与推介

（一）花色蒸饺

1. 面点原料

（1）面点原料组成

经验配方：优质面粉 150g、温水 100g。

制馅原料：猪肉馅 50g、水发香菇 50g、冬笋 50g。

调味原料：料酒 10g、生抽 15g、鸡汤 25g、色拉油 50g、鲜姜末 5g、精盐 7g。

装饰原料：油菜 100g、胡萝卜 100g、鸡蛋 60g、香油 10g。

（2）主料原料特点

本制品的主料是面粉。面粉是一种由小麦磨成的粉末。按面粉中蛋白质含量的多少，可以分为特制粉、标准粉和普通粉。食品加工业和餐饮行业还习惯根据面粉中面筋的含量，将其分为高筋粉、中筋粉、中下筋粉和低筋粉四种。同时对不同的面粉提出了质量的具体要求。即：高筋粉弹性大，延伸性大或适中；中筋粉弹性大，延伸性小；中下筋粉弹性中等，延伸性小；低筋粉弹性小或没弹性，延伸性大或小。

（3）主料卫生要求

面粉选购三要素：一是“看”。看包装上是否标明厂名、厂址、生产日期、保质期、质量等级、产品标准号等内容，尽量选用标明不加增白剂的面粉；看包装封口线是否有拆开重复使用的痕迹，若有则为假冒产品；看面粉颜色，面粉的自然色泽为乳白色或略带微黄色，若颜色纯白或灰白，则为过量使用增白剂所致。应选择色泽为乳白或淡黄色、粒度适中、麸星少的面粉。二是“闻”：正常的面粉具有麦香味。若有异味或霉味，则为增白剂添加过量，或面粉超过保质期，或遭到外部环境污染，已变质。三是“选”：要根据不同的用途选择相应品种的面粉。制作面条、馒头、饺子等要选择面筋含量较高，有一定延展性、色泽好的面粉；制作糕点、饼干及烫面制品则选用面筋含量较低的面粉。

面粉的保存：应保存在避光通风、阴凉干燥处，潮湿和高温都会使面粉变质，面粉在适当的贮藏条件下可保存一年，保存不当会出现变质、生虫等现象。在面袋中放入花椒包可防止生虫。

2. 面点制作

（1）制作步骤

步骤1　制馅。将香菇、冬笋切碎。猪肉馅放入盆内，加入料酒、生抽，用尺子板沿一个方向搅拌均匀，加入鸡汤，顺一个方向搅拌上劲，再加入盐、姜末拌均匀，最后加入香菇、冬笋拌均匀。备用。

步骤2　备装饰料。鸡蛋煮熟，蛋黄过罗；油菜取叶、胡萝卜切片、木耳水发后分别在沸水中略焯过凉，再分别剁碎，加入香油、盐，拌均匀。

步骤3　和面。面粉放入盆内，加入80℃的热水，拌匀后揉成面坯。平铺在案子上，表面刷上植物油，晾凉饧透。

步骤4　成型。A. 冠顶饺。将面盆搓条、揪剂子15个。将剂子擀成直径为7cm的圆皮，将圆皮的三条弧边叠回成三角形，翻过来在平整的一面上馅，提起三个角捏成立体三角形，并在三条棱线上用双推捏法推捏出瓦棱花边，再将叠回的三个弧边翻出，包在瓦棱花边外围，用花镊子捏紧即成冠顶饺生坯。B. 四喜饺。在面皮内上馅，双手拇指、食指将面皮对捏在中间，再分别将相邻的面皮两两捏紧，呈四大四小8个空孔。在四个的空孔中分别装饰胡萝卜碎、油菜碎、蛋黄碎、木耳碎即成四喜饺生坯。

步骤5　熟制。将生坯摆入笼屉，上蒸锅用旺火蒸5～6分钟即可。

（2）制作关键点

和面的水温要准确，约为60℃，温水面的可塑性强。其次，要掌握好蒸制时间。

（3）面点成品特点

形态挺拔端正，不破皮，不掉底。馅嫩、皮柔、皮薄馅大。包皮色白、呈半透明状，馅心鲜香。

3. 面点营养

（1）面点的营养标签

表2-1　花色蒸饺营养标签

项目	每100g	NRV%
能量	153kcal	8%
蛋白质	4.8g	8%
脂肪	8.6g	14%
胆固醇	40mg	13%
碳水化合物	15.1g	5%
膳食纤维	1.1g	4%
钠	391mg	20%
钙	26mg	3%
钾	102mg	5%
维生素A	101μgRE	13%
维生素B_1	0.09mg	7%
维生素B_2	0.07mg	5%
维生素C	4.8mg	5%
维生素E	3.11mg	22%
磷	71mg	10%
铁	1.3mg	9%
锌	0.67mg	4%

（2）面点的营养特点

该面点富含维生素 A、维生素 E，又含有一定量的蛋白质、磷、铁、维生素 B_2、碳水化合物、膳食纤维、维生素 C 等，提供营养较全面。

（3）面点的推荐人群

该面点适宜人群较多，既适合挑食不爱吃蔬菜的儿童，又适宜牙齿不好的老年人，可以补充部分膳食纤维与维生素 C。

（二）烫面炸糕

1. 面点原料

（1）面点原料组成

经验配方：面粉 500g、热水 1000g、明矾 10g、面肥 50g、小苏打 5g

馅心原料：豆沙馅 350g、桃仁 100g

（2）主料原料特点

本制品的主要原料是面粉，前面已介绍。馅心原料中有豆沙和桃仁。豆沙，一般指红豆沙，做法是将红豆浸泡后煮熟压成泥，加入油、糖浆或者玫瑰酱之类的甜酱混匀。红豆沙常用来做点心的馅，例如豆沙月饼。除了红豆沙外，绿豆沙也广泛用于点心制作。桃仁指核桃里的仁，也可指毛桃仁，特指蔷薇科植物桃或山桃的种子，别名毛桃仁、扁桃仁、大桃仁，6 ~ 7 月果实成熟时采摘，除去果肉及核壳，取出种子，晒干，有活血祛瘀、润肠通便的功效，可用于闭经、痛经、癥瘕痞块、跌扑损伤、肠燥便秘等的辅助治疗。

（3）主料卫生要求

面粉的卫生要求已在前面介绍。这里主要介绍一下馅料中所用的桃仁，桃仁为高油脂的食品，若贮存时间太长，在日光、空气、水及温度的作用下，就会被氧化分解、酸败，从而产生又苦又麻、刺鼻难闻的“哈喇味”。研究表明，吃了有“哈喇味”的食品，可能引起恶心、呕吐、腹痛、腹泻等消化系统症状，长期食用还可能诱发消化道溃疡、脂肪肝等病，甚至引发癌症。此外，油脂变质时产生的过氧化脂自由基还会破坏人体内的酶类，使人体新陈代谢发生紊乱，表现为食欲不振、失眠健忘等。因此，购买时宜先品尝，如有“哈喇味”，不宜购买。

2. 面点制作

（1）制作步骤

步骤1 备料。面粉过罗放在油纸上，明矾碾碎过罗。

步骤2 烫面。煸锅上火注入1000g水、明矾，烧开，待明矾完全熔化，改小火，并迅速将面倒入沸水锅中，用面杖先轻搅，后迅速用力搅拌至匀、透、无生粉粒后离火。将烫好的面放置面案上晾凉（表面刷油，防止风干结皮）。面凉透后放入面肥、小苏打，揉至表面光滑。

步骤3 制馅。将洗净晾干后的桃仁与豆沙馅混合，揉成10g大小的球30个备用。

步骤4 成型。将烫好的面坯搓条、揪剂子30个（约50g/个），用手捏皮成凹形，嵌入一个馅心，用虎口将面收口捏紧成球状，收口朝下，用手掌根将其按扁，即成炸糕生坯。

步骤5 熟制。煸锅置于火上，将油注至六成满，油温七成热时，将生坯下锅，待生坯浮上油面、色泽金黄时捞出，控干表面油脂即可。

（2）制作关键点

烫面的水必须为沸腾状态，且要等面完全烫熟后再离火。

（3）面点成品特点

色泽金黄，表面有小珍珠泡，表皮酥脆，内质软糯，微甜适口。

3. 面点营养

（1）面点的营养标签

表2-2 烫面炸糕营养标签

项目	每100g	NRV%
能量	231kcal	12%
蛋白质	4.2g	7%
脂肪	12.6g	21%
胆固醇	0mg	0%
碳水化合物	27.3g	9%
膳食纤维	2.1g	8%
钠	77mg	4%
钙	11mg	1%
钾	92mg	5%
维生素 B_1	0.08mg	6%
维生素 B_2	0.03mg	2%
维生素 E	7.18mg	51%
磷	83mg	12%
铁	1.5mg	10%
锌	0.92mg	6%

（2）面点的营养特点

该面点经过油炸后，脂肪含量增加，提供能量增高。该面点除含有丰富的维生素 E 外，还含有较丰富的磷、铁以及一定量的蛋白质、碳水化合物、膳食纤维、钾、维生素 B_1、锌等。同时，该面点不含胆固醇。

（3）面点的推荐人群

该面点适宜普通成年人群食用。重体力劳动者也可适量食用。应注意的是，该面点能量较高、脂肪较高，营养密度相对较低，减肥人群不宜常食用。

（三）腐乳排叉

1. 面点原料

（1）面点原料组成

面粉 500g、王致和腐乳一块、水 225g、盐 4g、味精 1g、蒜蓉 1g、麻仁 2g、五香粉 1g、底油 15g

（2）主料原料特点

本制品的主要原料是面粉，其特点参见 101 页。

（3）主料卫生要求

参见 101 页。

2. 面点制作

（1）制作步骤

步骤 1　将面粉、腐乳等原料混合揉至成面团，室温下醒 30 分钟。

步骤 2　用压面机将面团压成面皮，越薄越好。

步骤 3　把大面片切成 5cm 宽、10cm 长的小面片，中间拉一刀约 2cm，不要拉断。

步骤 4　将两个面片串在一起，180℃热油炸至排叉微黄捞出即可。

（2）制作关键点

炸制的油温非常关键，且排叉炸制微黄捞出后，余温会使成品最终呈金黄色。

（3）面点成品特点

色泽金黄，口感酥脆，口味微咸。

3. 面点营养

（1）面点的营养标签

表 2-3　腐乳排叉营养标签

项目	每100g	NRV%
能量	306kcal	15%
蛋白质	7.1g	12%
脂肪	12.7g	21%
胆固醇	0mg	0%
碳水化合物	42.2g	14%
膳食纤维	1.3g	5%
钠	487mg	24%
钙	26mg	3%
钾	114mg	6%
维生素 B_1	0.16mg	11%
维生素 B_2	0.06mg	4%
维生素 E	4.23mg	30%
磷	117mg	17%
铁	2.9mg	20%
锌	1.16mg	8%

（2）面点的营养特点

该面点经过油炸后，脂肪含量增加，提供能量高。该面点除含有丰富的维生素 E 外，还含有较丰富的蛋白质、碳水化合物、维生素 B_1、磷、铁以及一定量的膳食纤维、钾、锌等。同时该面点不含胆固醇。

（3）面点的推荐人群

该面点适宜普通成年人群食用，也适宜青少年儿童食用。重体力劳动者也可适量食用。此面点虽不含胆固醇，但脂肪含量较高，老年人、高脂血症患者不宜经常食用。

二、膨松面坯的面点制作与推介

（一）桃酥

1. 面点原料

（1）面点原料组成

面粉 500g、白糖 250g、大油 250g、鸡蛋 100g、小苏打 8g、核桃仁 50g、鸡蛋液适量（用于上色）

（2）主料原料特点

本制品的主要原料是面粉，前面已介绍。本制品还用了大油，大油又名猪油，中国人也将其称为荤油或者板油。它是由猪肉提炼而出，初始状态是略黄色半透明液体的食用油。猪油属于油脂中的“脂”，常温下为白色或浅黄色固体。该脂肪在低室温下即会凝固成白色固体油脂。在西方被称为猪脂肪。猪油色泽白或黄白，具有猪油的特殊香味，深受人们欢迎。猪肉里面、内脏外面成片成块的油脂叫“板油”，一般加工后作为工业用油，或做糕点等；猪皮里面，与瘦肉紧挨着或与瘦肉互相夹杂的肥肉叫“肥油”，多数被炼油和炒菜；猪各种内脏外面附着的一缕一缕的叫“水油”，因为含水分多，炼完的油渣味道不佳；猪皮里面的油叫“皮油”，在猪皮加工成皮革的过程中被收集起来作为化工原料。

（3）主料卫生要求

气温高时，猪油易变质，炼油时可放几粒茴香，盛油时放一片萝卜或几颗黄豆，可久存无怪味。猪油熬好后，趁其未凝结时，加进一点白糖、豆油或食盐，搅拌后密封，可久存而不变质。

2. 面点制作

（1）制作步骤

步骤 1 核桃仁初步加工。核桃仁择净杂物，掰成 1/4 大小，备用。

步骤 2 和面。面粉过罗，放在案板上用刮刀开呈窝形，左手握刮刀，右手将白糖、蛋液、大油、小苏打放入窝内搓匀搓透。随即将面粉拨入拌匀，左手用刮刀铲面，右手垂直向下将原料按压在一起，即用“复叠”的方法将原料和成面坯。

步骤 3 下剂。将面坯搓条，右手握刮刀，左手扶剂条，从左侧开始用刮刀切剂子，每切一刀，左手将切下的剂子上或下移动一次，切完后剂子自然排成整齐的两排。共切剂子 70 个（每个约 15g）。

步骤 4 成型。将剂子逐个揉成小圆球，整齐地码入烤盘中，注意保持较大的间距。在每个圆形生坯上用手指按一小坑，表面刷一层蛋液，嵌上核桃仁。

步骤 5 熟制。每两烤盘生坯一起放入 160℃烤箱内，烤至表面呈金黄色即可出炉。

（2）制作关键点

使用复叠手法和面，避免揉搓过度导致面坯上劲、渗油、黏手；严格控制烤箱温度和烘焙时间。

（3）面点成品特点

自然流散呈圆饼状，成品金黄或呈棕红色，质感酥松酥脆，口味香甜。

3. 面点营养

（1）面点的营养标签

表 2-4　桃酥营养标签

项目	每100g	NRV%
能量	378kcal	19%
蛋白质	7.2g	12%
脂肪	15.8g	26%
胆固醇	158mg	53%
碳水化合物	52.8g	18%

项目	每100g	NRV%
膳食纤维	0.9g	4%
钠	278mg	14%
钙	28mg	3%
钾	99mg	5%
维生素 A	59μgRE	7%
维生素 B_1	0.12mg	9%
维生素 B_2	0.11mg	8%
维生素 E	5.87mg	42%
磷	123mg	18%
铁	2.3mg	15%
锌	1.07mg	7%

（2）面点的营养特点

该面点因在制作时使用了较多大油，致使该点心含脂肪较高，提供能量高。该面点除提供丰富的维生素 E 外，还提供较丰富的碳水化合物、蛋白质、磷、铁以及一定量的维生素 B_1、维生素 B_2、钾、锌等。

（3）面点的推荐人群

该面点适宜普通成年人群食用，也适宜青少年儿童食用。重体力劳动者也可适量食用。此面点还含有一定量的胆固醇，同时脂肪含量高，老年人、高脂血症患者应慎食用。

（二）椰蓉盏

1. 面点原料

（1）面点原料组成

面坯原料：面粉 500g、白糖 200g、大油 200g、鸡蛋 200g、泡打粉 13g

馅心原料：椰蓉 250g、白糖 250g、大油 50g、鸡蛋 250g、牛奶 150~200g

（2）主料原料特点

本制品的主要原料是面粉，前面已介绍。馅心原料中有椰蓉，椰蓉是椰丝和椰粉的混合物，用来做糕点、月饼、面包等的馅料和撒在糖葫芦、面包等的表面，以增加口味和装饰表面。椰蓉本身是白色的，而市面上常见的椰蓉呈诱人的油光光的金黄色，这是因为在制作过程中添加了黄油、蛋液、白砂糖、蛋黄等。这样的椰蓉虽然口感更好，口味更浓，营养更丰富全面，但是热量较高，不宜一次食用过多，也不要将这种椰蓉撒在糖葫芦上食用。

（3）主料卫生要求

优质的椰蓉乳白色，不含任何色素，具有纯天然椰肉香味，无异味；贮藏时应放于阴凉、干燥通风处，防潮，建议单独存放。

2. 面点制作

（1）制作步骤

步骤1 拌馅。将椰蓉放在干净的盆中，再加入白糖、大油、鸡蛋、牛奶，拌匀拌透，静饧 30 分钟。用手能捏成团即成。将拌好的馅捏成直径 3cm 大小的圆球待用。

步骤2 和面。将面粉和泡打粉一起过筛，置于案台上开成窝形，在面窝中加入白糖、黄油、鸡蛋，将油、糖、蛋混合搅拌擦匀，至无糖粒时拨入面粉，用“复叠”的手法和成松酥面。

步骤3 成型。将松酥面用面杖擀成 0.3cm 厚的薄片，盖在二号菊花盏表面，用手轻轻按下多余面坯，将菊花盏中的面坯轻轻捏入盏中。

步骤4 上馅。用小勺将拌好的椰蓉馅放入盏碗内，再将盏碗放在烤盘中。

步骤5 熟制。将烤盘放入 220℃的烤箱中，烤至金黄熟透出炉，晾凉。

步骤6 装盘。去掉菊花盏，将椰蓉盏成品取出放在圆盘中。

（2）制作关键点

使用搓擦手法和面，避免揉搓过度导致面坯渗油、黏手；和面时，泡打粉应放在面窝最外沿，并最后混入面团中；牛奶分次加入，给椰蓉充足的吸水时间；装模时，底布面坯不宜太薄，并避免椰蓉馅流入盏碗内，而导致成品与模具粘连。

（3）面点成品特点

与菊花盏同形，不散碎、不破边；成品色泽金黄；外皮疏松，馅心松软；口味甘甜，有浓郁的椰奶香味。

3. 面点营养

（1）面点的营养标签

表2-5　椰蓉盏营养标签

项目	每100g	NRV%
能量	371kcal	19%
蛋白质	5.9g	10%
脂肪	18.9g	31%
胆固醇	53mg	18%
碳水化合物	46.0g	15%
膳食纤维	1.6g	6%
钠	188mg	9%
钙	29mg	4%
钾	173mg	9%
维生素A	30μgRE	4%
维生素B_1	0.10mg	7%
维生素B_2	0.06mg	5%
维生素C	0.9mg	1%
维生素E	6.16mg	44%
磷	114mg	16%
铁	2.2mg	15%
锌	1.10mg	7%

（2）面点的营养特点

该面点因在制作时使用了较多大油，致使该点心含脂肪高，提供能量

高。该面点除提供丰富的维生素 E 外，还提供较丰富的碳水化合物、蛋白质、磷、铁以及一定量的膳食纤维、钾、锌、维生素 B_1、维生素 B_2 等。

（3）面点的推荐人群

该面点适宜普通成年人群食用，也适宜青少年、儿童食用。重体力劳动者也可适量食用。此面点还含有一定量的胆固醇，同时脂肪含量高，老年人、高脂血症患者应慎食用。

（三）法式棍面包

1. 面点原料

（1）面点原料组成

高筋面粉 1000g、干酵母 10g、盐 20g、水 580g

（2）主料原料特点

本制品的主要原料是高筋面粉，中国于 1988 年颁布了高筋粉和低筋粉的国家标准，见表 2-6。

表 2-6　高筋小麦粉国家标准

等级	1	2
面筋质（%）（以湿基计）	≥ 30.0	
面筋质（%）（以干基计）	≥ 12.2	
灰分（%）（以干基计）	≤ 0.70	≤ 0.85
粉色、麸量	按实物标准样品对照检验	
粗细度	全部通过 CB36 号筛，留存在 CB42 号筛的不超过 10.0%	全部通过 CB30 号筛，留存在 CB36 号筛的不超过 10.0%
含砂量（%）	≤ 0.02	
磁性金属物（g/kg）	≤ 0.003	
水分（%）	≤ 14.5	
脂肪酸值（以湿基计）	≤ 80	
气味、口味	正常	

（3）主料卫生要求

高筋粉颜色较深，本身较有活性且光滑，手抓不易成团状。

2. 面点制作

（1）制作步骤

步骤 1 搅拌面团。将原料放入搅拌容器中，以慢速先搅拌 4 分钟后，改用快速搅拌 6 分钟。搅拌完成后用湿布或塑料薄膜盖好，放在醒发箱中发酵。将醒发好的面坯分割成重 350g 的面坯，进行中间醒发。

步骤 2 面坯成形。将醒发好的面坯拉开，拍出气泡，从面坯外侧向内侧卷起，并用后掌压牢。然后码盘放入温度为 30℃、湿度为 80% 左右的醒发箱中醒发。

步骤 3 将醒发完成的面坯，用锋利的刀片从面包表明划开，约 12cm 长、1cm 宽的 5 ~ 7 条小口。

步骤 4 将面包入炉，迅速打入蒸汽约 6 秒，10 分钟后面包表明变为浅黄色，打开风门继续烘烤。

（2）制作关键点

和面时争取掌握加水量和面团调制程度；面团成形时手法正确，面坯接口朝下；面坯割口处应均匀、光滑；正确掌握面坯烘烤时的温度和湿度。

（3）面点成品特点

外形为长圆棍状，表明有均匀的斜长裂纹，色泽金黄，外皮香脆，内瓤湿软，有嚼劲。

3. 面点营养

（1）面点的营养标签

表 2-7　法式棍面包营养标签

项目	每100g	NRV%
能量	161kcal	8%
蛋白质	5.1g	8%
脂肪	0.5g	1%
胆固醇	0mg	0%
碳水化合物	34.3g	11%
膳食纤维	0.3g	1%
钠	710mg	36%
钙	14mg	2%
钾	58mg	3%
维生素 B_1	0.14mg	10%
维生素 B_2	0.06mg	4%
维生素 E	0.33mg	2%
磷	68mg	10%
铁	1.4mg	9%
锌	0.44mg	3%

（2）面点的营养特点

该面点是低脂肪的面点。主要提供较丰富的碳水化合物、蛋白质、维生素 B_1、磷以及一定量的铁。

（3）面点的推荐人群

该面点适合绝大多数人群食用。因为含脂肪低，提供能量相对较低，而又不含胆固醇，尤其适宜减肥人群、高脂血症人群经常食用。

（四）胡萝卜蛋糕

1. 面点原料

（1）面点原料组成

面粉 120g、鸡蛋 180g、胡萝卜 150g、美洲山核桃仁碎 120g、红

糖 140g、盐 3g、泡打粉 8g、桂皮粉 1g、咸味黄油 140g

（2）主料原料特点

本制品的主要原料为低筋粉。低筋粉标准见表 2-8。

表 2-8　低筋小麦粉国家标准

等级	1	2
面筋质（%）（以湿基计）	< 24.0	
面筋质（%）（以干基计）	≤ 10.0	
灰分（%）（以干基计）	≤ 0.60	≤ 0.80
粉色、麸量	按实物标准样品对照检验	
粗细度	全部通过 CB36 号筛，留存在 CB42 号筛的不超过 10.0%	全部通过 CB30 号筛，留存在 CB36 号筛的不超过 10.0%
含砂量（%）	≤ 0.02	
磁性金属物（g/kg）	≤ 0.003	
水分（%）	≤ 14.0	
脂肪酸值（以湿基计）	≤ 80	
气味、口味	正常	

（3）主料卫生要求

颜色较白，用手抓易成团。

2. 面点制作

（1）制作步骤

将烤箱预热，温度设定为 180℃；黄油和红糖混合，充分抽打均匀；将鸡蛋的蛋黄和蛋清分开，蛋清中放入少许盐，置于冰箱内冷藏；在红糖黄油中，逐个加入蛋黄，同时搅拌均匀；再逐渐加入面粉、泡打粉和桂皮粉，搅拌均匀，再加入胡萝卜碎丝和美洲山核桃碎，拌匀，和成面糊；将蛋清从冰箱内取出，充分抽打成蛋白霜，逐渐加入到胡萝卜面糊中轻轻拌匀；将面糊倒入涂抹有黄油的模具中，放入烤箱，烤 40 分钟；

烤熟后，从烤箱取出，放凉，脱模即可。

（2）制作关键点

烤制时间可以根据面糊多少和模具大小而调整。

烤制时，如果面坯表面上色过快，可在表面覆盖一层锡纸。

（3）面点成品特点

外形依照模具形状，多为长立方体状，颜色金黄，表面和内瓤均可见红色胡萝卜细碎，口感柔软并伴有坚果碎，口味香甜。

3. 面点营养

（1）面点的营养标签

表 2-9　胡萝卜蛋糕营养标签

项目	每100g	NRV%
能量	388 kcal	19%
蛋白质	7.6g	13%
脂肪	26.1g	43%
胆固醇	161mg	54%
碳水化合物	32.7g	11%
膳食纤维	2.0g	8%
钠	164mg	23%
钙	59mg	7%
钾	152mg	8%
维生素 A	156μgRE	19%
维生素 B_1	0.15mg	11%
维生素 B_2	0.12mg	9%
维生素 C	1.5mg	2%
维生素 E	10.18mg	73%
磷	164mg	23%
铁	2.7mg	18%
锌	1.47mg	10%

（2）面点的营养特点

该面点是个营养较全面的菜肴，提供丰富的维生素 E 和磷，较丰富的蛋白质、碳水化合物、维生素 A、维生素 B_1、铁、锌以及一定量的膳食纤维、钙、钾等，但该点心提供能量高，脂肪含量高，胆固醇含量高。

（3）面点的推荐人群

该点心适合正常人群适量食用。因提供较高的能量和营养较全面，适宜运动员及重体力劳动者食用。因可补充儿童易缺乏的维生素 A、维生素 B_1、铁、锌等，儿童也非常适宜。但该点心脂肪高、胆固醇高，高脂血症人群慎用。减肥人群也尽量少食用。

（五）泡芙

1. 面点原料

（1）面点原料组成

水 1000g、中筋面粉 600g、奶粉 50g、砂糖 40g、精盐 10g、香精 1g、鸡蛋 800g、黄油 500g

（2）主料原料特点

本制品主要原料为中筋面粉。中筋面粉，即普通面粉。大部分中式点心都是以中筋粉来制作的。中筋粉面筋含量大于 24%（以湿基计）小于 30%（以湿基计），弹性大，延伸性小，用于制作弹性较好的制品。

（3）主料卫生要求

颜色乳白，介于高、低粉之间，体质半松散。

2. 面点制作

（1）制作步骤

步骤 1 调制面糊。把水、黄油、盐和奶粉放在锅中煮沸。将过筛面粉加入煮沸的黄油、水等原料的液体中，一边加入一边搅拌均匀，将面粉烫熟烫透，离开火源。待烫熟烫透的面团冷却后，加入鸡蛋，反复

抽打至面糊软硬适度为止。

步骤 2　成型。将泡芙糊装入放有挤嘴的挤袋中，挤成所需形状。

步骤 3　烘烤。将制品放入 220℃的炉中烘烤，定形后降温。烤至金黄色时取出。

步骤 4　装饰。泡芙面坯烘烤成熟后，根据需要可制成各种形状，如将面坯挤成圆形，撒糖粉装饰或用可可粉装饰；或挤成长形，沾巧克力装饰；或用纸卷挤出鸭头，待成熟后，组装成鸭子形状，然后用糖粉撒在制品表面装饰。

（2）制作关键点

面粉要烫熟烫透；蛋液要逐渐加入，一次不要加入太多；灵活掌握烘烤时的温度；制品要烤熟、烤透后出炉，防止出炉后塌陷。

（3）面点成品特点

形态端正，大小一致，不歪斜。表面金黄，色泽均匀一致。内质松软，无生心。外部松香，口味由馅心决定。

3. 面点营养

（1）面点的营养标签

表 2-10　泡芙营养标签

项目	每100g	NRV%
能量	276kcal	14%
蛋白质	6.0g	10%
脂肪	20.2g	34%
胆固醇	195mg	65%

项目	每100g	NRV%
碳水化合物	17.8g	6%
膳食纤维	0.4g	2%
钠	178mg	9%
钙	35mg	4%
钾	83mg	4%
维生素A	50μgRE	6%
维生素B_1	0.09mg	7%
维生素B_2	0.11mg	8%
维生素E	0.94mg	7%
磷	93mg	13%
铁	1.5mg	10%
锌	0.66mg	4%

（2）面点的营养特点

该面点富含蛋白质、磷、铁，以及一定量的碳水化合物、维生素A、维生素B_1、维生素B_2等。动物蛋白与植物蛋白搭配使用，做到了蛋白质互补，使该点心蛋白质营养价值提高。但该面点其脂肪和胆固醇含量较高。

（3）面点的推荐人群

该面点适合普通人群适量食用。因提供较高的能量和营养较全面，适宜运动员及重体力劳动者食用，也适宜正在生长发育的儿童。但该点心脂肪较高、胆固醇高，高脂血症人群慎用。减肥人群也尽量少食用。

三、层酥面坯的面点制作与推介

（一）小鸡酥

1. 面点原料

（1）面点原料组成

水油皮：面粉300g、细砂糖35g、大油70g、水190g

油酥：面粉200g、大油100g

馅心：红豆沙馅 400g

（2）主料原料特点

本制品的主要原料为面粉，前面已介绍。

（3）主料卫生要求

优质的红豆沙馅其表面干净无杂质，组织细腻，无粗糙感，颜色为红棕色，且色泽鲜亮，无异味。

2. 面点制作

（1）制作步骤

将水油皮所需原料混合，揉成表面光滑的面团；另将油酥面团原料混合。两个面团分别静置松弛 30 分钟；分别将水油皮和油酥切剂子，水油皮和油酥剂子大小约为 6：4；用手掌把水油皮面团压扁，包上油酥面团，包好的面团收口朝下，再次压扁；将包好的面团擀成长方形，按四折法折 1 次，折叠好的面片静置松弛 20 分钟；松弛好的面团，横向再次擀成长方形，沿着长方形的一端，把面片卷起来，将卷好的面团用刀切成等份；将面团揉搓成椭圆，捏出小鸡的脑袋、尾巴和嘴，剪刀剪出翅膀，梳子压出尾巴上的纹路，嵌入黑芝麻做眼睛，最后在小鸡的嘴、脑门、翅膀和尾巴上涂上蛋液上色；放进预热好的烤箱中（180℃），烘烤约 12 分钟。

（2）制作关键点

水皮、油酥开酥工艺要求严格，尤其是面皮配方要准确，叠酥前大小、薄厚、软硬要一致，擀制时用力均匀、薄厚一致，以避免成品酥皮层出现层次不清等情况。

（3）面点成品特点

形象逼真，内质酥软有层，色泽洁白，有少量黄色和红色点缀，口味酥香。

3. 面点营养

（1）面点的营养标签

表 2-11　小鸡酥营养标签

项目	每100g	NRV%
能量	326kcal	16%
蛋白质	5.8g	10%
脂肪	13.3g	22%
胆固醇	14mg	5%
碳水化合物	49.1g	16%
膳食纤维	3.3g	13%
钠	20mg	1%
钙	13mg	2%
钾	145mg	7%
维生素 A	12μgRE	1%
维生素 B_1	0.12mg	9%
维生素 B_2	0.05mg	4%
维生素 E	6.39mg	46%
磷	102mg	15%
铁	2.0mg	13%
锌	1.01mg	7%

（2）面点的营养特点

该面点提供丰富的维生素 E 和较丰富的碳水化合物、蛋白质、膳食纤维、磷、铁，以及一定量的钾、锌、维生素 B_1 等。虽提供较高的能量，但脂肪含量相对其他高能量的面点来说含量不高，同时胆固醇和钠含量低。

（3）面点的推荐人群

该面点适宜运动员食用，儿童、乳母、老年人均可适量食用。高血压患者、高脂血症患者也可少量食用。

（二）绿茶酥

1. 面点原料

（1）面点原料组成

水油皮：中筋粉 150g、细砂糖 35g、大油 40g、水 60g

油酥：低筋粉 100g、大油 50g、绿茶粉 3g

馅心：红豆沙馅 400g（20 份量）

（2）主料原料特点

本制品的主要原料为中筋面粉，前面已介绍。馅心所用的豆沙也已介绍。

（3）主料卫生要求

前面已介绍。

2. 面点制作

（1）制作步骤

将水油皮所需原料混合，揉成表面光滑的面团；另将油酥面团原料混合。两个面团分别静置松弛 30 分钟；用手掌把水油皮面团压扁，并包上油酥面团，包好的面团收口朝下，再次压扁；将包好的面团擀成长方形，按四折法折 2 次，折叠好的面片静置松弛 20 分钟；松弛好的面团，横向再次擀成长方形，沿着长方形的一端，把面片卷起来，将卷好的面团用刀切成 20 份；将 20 份面团的切面朝上，分别擀制成圆形薄片，包上豆沙馅料，收口；将收口朝下摆放在烤盘中，放进预热好的烤箱中（180℃），烘烤约 25 分钟。

（2）制作关键点

开酥工艺关键点同小鸡酥。另外，绿茶酥在烘焙时变色不明显，可通过观察酥皮层次是否舒展，来判断其成熟度。

（3）面点成品特点

外形为半圆球状，酥层明朗且呈螺旋形环绕，淡绿色，脆松酥化，甜咸适口。

3. 面点营养

（1）面点的营养标签

表2-12　绿茶酥营养标签

项目	每100g	NRV%
能量	324kcal	16%
蛋白质	5.7g	9%
脂肪	11.7g	20%
胆固醇	12mg	4%
碳水化合物	53.4g	18%
膳食纤维	4.4g	18%
钠	18mg	1%
钙	11mg	1%
钾	167mg	8%
维生素A	10μgRE	1%
维生素 B_1	0.10mg	7%
维生素 B_2	0.05mg	4%
维生素E	7.28mg	52%
磷	100mg	14%
铁	1.8g	12%
锌	1.01mg	7%

（2）面点的营养特点

该面点是个营养较全面的面点，与小鸡酥的营养特点类似。同样提供丰富的维生素E和较丰富的碳水化合物、蛋白质、膳食纤维、磷、铁，以及一定量的钾、锌、维生素 B_1 等，却比小鸡酥提供更多的碳水化合物与膳食纤维。虽提供较高的能量，但脂肪含量相对其他高能量的面点来说含量不高，同时胆固醇和钠含量低。

（3）面点的推荐人群

该面点特别适宜老年人食用。高血压患者、高脂血症患者也可少量食用。

（三）叉烧酥

1. 面点原料

（1）面点原料组成

蛋水面：低筋粉 800g、高筋粉 200g、砂糖 200g、大油 100g、鸡蛋 250g、牛油香粉 10g、清水适量。

油酥：低筋粉 1000g、牛油香粉 10g、黄油 600g、大油 1100g。

馅心：叉烧肉 100g、叉烧芡汁 150g、熟芝麻 20g、香油 5g。

叉烧芡汁：生粉 30g、鹰粟粉 25g、洋葱 10g、生姜 5g、香菜 10g、大葱 10g、色拉油 15g、生抽 30g、老抽 20g、蚝油 40g、砂糖 90g、味精 5g、胡椒粉 2g、香油 5g。

（2）主料原料特点

本制品的主要原料为高筋粉和低筋粉，前面已介绍。馅心采用了叉烧肉。叉烧肉是广东省传统的汉族名菜，属于粤菜系。是广东烧味的一种。多呈红色，由瘦肉做成，略甜。是把腌渍后的瘦猪肉挂在特制的叉子上，放入炉内烧烤而成的。好的叉烧应该肉质软嫩多汁、色泽鲜明、香味四溢。当中又以肥、瘦肉均衡为上佳，称为“半肥瘦”。

（3）主料卫生要求

优质叉烧肉切面呈微红色，脂肪白而透明，有光泽；肌肉切面紧密，脂肪结实而脆；具有特有甜香味，无异味。

2. 面点制作

（1）制作步骤

步骤 1 制叉烧酥皮：

和蛋水面。将低筋粉 800g、高筋粉 200g 称好过罗后放入打面桶中，加入砂糖 200g、牛油香粉 10g、鸡蛋 4 只、猪油 100g，开机打匀，慢慢加入清水，将面团打至有劲、光滑、软硬适中取出，平铺在不锈钢方盘中，封好保鲜纸放入冰箱中冷冻大约30分钟。

和油酥面。将低筋粉1000g称好过罗后放入打面桶中，先加入牛油香粉10g、黄油600g，开机打匀，再加入大油1100g打匀，要使牛油和猪油混合均匀，取出放入不锈钢方盘中铺平，封好保鲜纸放入冰箱中冷冻大约30分钟。

将面粉布袋铺在案板上，从冰箱中取出冻好的软硬适中的油酥和蛋水面，油酥在下、蛋水面在上，用酥槌砸擀开成长方形面片，从两边向中间叠成三层放入冰箱冻10分钟；取出再用酥槌砸擀开成长方形面片，再从两边向中间叠成三层放入冰箱冻10分钟；最后取出再用酥槌砸擀开成长方形面片，从两边向中间叠成四层放入冰箱冻10分钟（此工艺行业称“三三四”）。

叠“三三四”成酥皮后放进冷藏冰箱醒冻60分钟后取出，用开酥机或酥槌擀成3mm厚的长方形面片，用快刀切成8cm×6cm见方的皮，放入不锈钢盘中进冰箱冷藏备用。

步骤2 制叉烧汁：

兑粉浆。将生粉30g、鹰粟粉25g倒入盆中，清水120g慢慢倒入盆中，调匀成稀粉浆。

原料加工。洋葱、生姜、香菜、大葱洗净，洋葱用刀切0.5cm见方的粒，生姜切片，香菜、大葱切段。

炒芡汁。色拉油15g入锅上火烧热，下入洋葱、大葱、香菜、生姜炒香，随即倒入清水240g，然后将生抽、老抽、蚝油、砂糖、味精、胡椒粉、香油放入锅中，烧开后改小火煮5分钟，端离火口，捞出所有调料。将稀粉浆慢慢倒入，边煮边搅成稀糊状，最后加入15g色拉油，开大火炒至生油与稠浆混合，并煮到沸透上劲成叉烧汁芡。

步骤3 制叉烧馅：

加工原料。将叉烧肉100g用刀切成指甲片。

拌馅。将叉烧肉指甲片放入盆内，加入叉烧芡汁150g、熟芝麻

20g、香油 5g 拌均匀即成叉烧馅。

步骤 4 成型。从冰箱中取出酥皮平放在案子上。将 10g 叉烧馅放在酥皮中间，将酥皮对折呈长方条形，用面刀在对折的封口处（三边）轻压一下，注意不要露馅，均匀摆放在烤盘中。

步骤 5 兑糖浆：糖浆 50g 放入小盆中兑入 50g 水，用尺子板搅匀即可。

步骤 6 熟制。烤箱设底火 180℃、面火 200℃，温度达到恒定后，放入叉烧酥生坯烤 10 分钟左右，叉烧酥生坯表面成熟酥皮变硬，取出。在叉烧酥面上均匀地刷一层鸡蛋黄液，再放回烤箱烤 10 分钟左右，至叉烧酥完全熟透，面皮成金黄色出炉。

步骤 7 润色。在烤好的酥皮面上刷一层糖胶，撒上一层熟芝麻，再放入烤箱中烤 2 ~ 3 分钟，使产品色泽红亮，芝麻黏牢即可。

（2）制作关键点

水皮、油酥开酥工艺要求严格，尤其是面皮配方要准确，叠酥前大小薄厚要一致，叠酥过程中冷冻要充分，以避免成品出现酥皮层次不清等情况。另外，生坯包馅不宜过多。

（3）面点成品特点

呈长方形，酥层清晰，金黄明亮，脆松酥化，馅汁浓郁，甜咸适口。

3. 面点营养

（1）面点的营养标签

表 2-13 叉烧酥营养标签

项目	每100g	NRV%
能量	526kcal	26%
蛋白质	6.4g	11%

项目	每100g	NRV%
脂肪	37.7g	63%
胆固醇	96mg	32%
碳水化合物	41.3g	14%
膳食纤维	0.9g	4%
钠	114mg	6%
钙	25mg	3%
钾	110mg	6%
维生素 A	33μgRE	4%
维生素 B_1	0.14mg	10%
维生素 B_2	0.07mg	5%
维生素 E	6.84mg	49%
磷	102mg	15%
铁	2.6mg	17%
锌	1.07mg	7%

（2）面点的营养特点

该面点因使用了大量大油和黄油，因而脂肪含量高且高能量。该面点含有丰富的维生素 E 和较丰富的蛋白质、碳水化合物、维生素 B_1、磷、铁，以及一定量的钾、锌、锌等。

（3）面点的推荐人群

该面点适宜重体力工作者、低温工作者食用。但肥胖、高脂血症的人群应慎食用。

（四）牛角面包

1. 面点原料

（1）面点原料组成

面包粉 1000g、干酵母 20g、鸡蛋 100g、砂糖 60g、黄油 110g、奶粉 40g、水 550g、精盐 20g、夹心黄油 600g

（2）主料原料特点

本制品的主要原料为面包粉，即高筋粉，前面已介绍。本制品还用了黄油，黄油又叫乳脂、白脱油，是将牛奶中的稀奶油和脱脂乳分离后，使稀奶油成熟并经搅拌而成的。黄油与奶油的最大区别在于成分，黄油的脂肪含量更高。主要用作调味品，营养丰富但含脂量很高，所以不要过分食用。

（3）主料卫生要求

优质黄油色泽浅黄，质地均匀、细腻，切面无水分渗出，气味芬芳。黄油脂肪含量高，易发生氧化变质，因此黄油一定要用锡纸或者油纸裹好，跟有强烈异味的食品分开存放在冰箱冷藏。锡纸能防止黄油被光和空气氧化变质。

2. 面点制作

（1）制作步骤

步骤 1　将原料慢速搅拌 3 分钟后，加入精盐，继续搅拌 3 分钟，再快速搅拌 1 分钟即可。面团温度约 24℃。

步骤 2　将面坯根据需要进行分割和滚圆，醒发 30 分钟后，放入 -20℃冷冻冰箱中冷冻 120 分钟。

步骤 3　将包好油的面坯擀开，按三折法折 3 次。如果面团有劲或不够凉，可稍松弛或冷冻一段时间后继续折叠、擀制。

步骤 4　折叠、擀制完毕的面团密封后，放入 -20℃的冷柜中冷冻 10 小时。使用前放入保鲜冰柜中解冻或在室温中解冻。

步骤 5　将解冻的面团擀开，切成三角形，并搓卷成牛角形状。常温下静置一段时间后放入温度为 30℃，湿度为 85% 的醒发柜中，待成形面坯醒发至八成饱满即可。

步骤 6　在醒发成熟的面坯表

面均匀地刷上蛋液，放入200℃左右的烤炉中烘烤至金黄色时出炉。

（2）制作关键点

使用低温水调和面团；水、面、油温度要接近；面坯要用隔夜松弛后的面团；醒发时，温度要低、时间要长。

（3）面点成品特点

外形为月牙状的牛角形，内部层次丰富，金黄明亮，酥软香甜。

3. 面点营养

（1）面点的营养标签

表2-14　牛角面包营养标签

项目	每100g	NRV%
能量	420kcal	21%
蛋白质	5.7g	10%
脂肪	29.2g	49%
胆固醇	107mg	36%
碳水化合物	33.9g	11%
膳食纤维	0.3g	1%
钠	337mg	17%
钙	35mg	4%
钾	74mg	4%
维生素A	9μgRE	1%
维生素B_1	0.13mg	9%
维生素B_2	0.08mg	6%
维生素E	0.38mg	3%
磷	78mg	11%
铁	1.6mg	11%
锌	0.51mg	3%

（2）面点的营养特点

该面点因使用了大量黄油，因而脂肪含量高。该面点含有较丰富的蛋白质、碳水化合物、磷、铁，以及一定量的维生素B_1、维生素B_2等。

（3）面点的推荐人群

该面点适宜重体力工作者、低温工作者选用。肥胖、高脂血症的人群应慎选用。老年人、高血压患者也应少选用。

四、米制面坯的面点制作与推介

（一）虾肠粉

1. 面点原料

（1）面点原料组成

肠粉浆：粘米粉400g、鹰粟粉100g、生粉100g、生油25g、盐10g、水约3200g

馅心：青虾仁300g、韭黄50g

调味原料：生粉10g、盐4g、味粉4g、砂糖10g、麻油5g、胡椒粉2g

（2）主料原料特点

本制品的主要原料为粘米粉。粘米粉是用禾本科植物稻的种子（大米）磨成的粉，又叫大米粉或籼米粉，是多种食品的原料，是各种大米中糯性最低的品种，有着糯米粉不可代替的作用。稻米中的淀粉主要是支链淀粉组成。其糊化温度为74℃，比面粉中的淀粉略高。

（3）主料卫生要求

选购粘米粉时要注意：真正纯正的粘米粉并非是雪白色的，而是微微带点灰白。

2. 面点制作

（1）制作步骤

步骤1　开肠粉浆。将400g粘米粉、100g鹰粟粉、100g生粉、10g盐倒入盆中拌匀，倒入25g生油并拌匀，再分次慢慢加入3200g清水，边加水边将粉与水搅匀，成肠粉浆。

步骤2　制肠粉馅。300g青虾仁去掉虾线用水冲涨，捞出后控干水分切成两段：50g 韭黄切半寸段。将青虾仁放入小盆中，先加入 10g 生粉、4g 盐、4g 味粉、10g 砂糖、2g 胡椒粉拌匀，再加入韭黄段、5g 麻油拌匀成肠粉馅。

步骤 3 熟制。肠粉炉开火，蒸汽上来后将浸湿的肠粉布平铺到肠粉屉板上。立即将搅匀的肠粉浆铺到肠粉布上，浆的厚度大约为 3mm。随即将虾馅码放到铺好浆的肠粉布上，码两个直行，第一行摆在屉布最下端 1cm 处，第二行离第一行间隔约 12cm，盖上炉盖蒸 3 分钟。

步骤 4 成型。将蒸好的粉布从肠粉屉上提起铺到卷粉台上，揭掉粉肠布，将粉皮从前端提起连同虾馅向后卷起，卷成猪肠形，切成段摆放到盘中，淋上肠粉酱油即成。

（2）制作关键点

肠粉浆在使用前要充分搅散混匀，粉皮厚度要适当，过厚影响口感，过薄容易破裂。

（3）面点成品特点

外形似猪肠，大小长短均一，粉皮洁白透明，微微透出粉红色的馅料，口感皮软润滑，虾仁爽脆，味道清淡。

3. 面点营养

（1）面点的营养标签

表 2-15　虾肠粉营养标签

项目	每100g	NRV%
能量	64kcal	3%
蛋白质	2.3g	4%
脂肪	0.8g	1.4%
胆固醇	14mg	5%

项目	每100g	NRV%
碳水化合物	12.0g	4%
钠	143mg	7%
钙	5mg	1%
钾	32mg	2%
维生素 B_2	0.01mg	1%
维生素 E	0.54mg	4%
磷	24mg	3%
铁	0.8mg	5%
锌	0.54mg	4%

（2）面点的营养特点

该面点是个水分含量较大，营养素含量相对较低的面点，提供一定量的蛋白质、碳水化合物、铁、锌、维生素 E 等。且该面点可认为是低脂食品。

（3）面点的推荐人群

该面点适宜多种人群食用，因含脂肪低，提供能量低，减肥人群可适当多选用。

（二）艾窝窝

1. 面点原料

（1）面点原料组成

糯米 550g、低筋面粉 100g、白芝麻 100g、花生 100g、细砂糖 100g、豆沙馅 100g、果脯 100g

（2）主料原料特点

本制品的主要原料为糯米。糯米又叫江米，一般来说，北方称江米，而南方叫糯米，是经常食用的粮食之一。因其香糯黏滑，常被用以制成风味小吃，深受大家喜爱。

（3）主料卫生要求

优质的糯米其色泽洁白，无发霉变质的现象，无异味。口味嫩滑、细韧、不碜牙。贮藏时易放于阴凉干燥处，防止霉变。

2. 面点制作

（1）制作步骤

步骤 1 消毒。用酒精将案子、刮刀、罗、不锈钢长方盘擦拭消毒。

步骤 2 备料。将干屉布平铺在蒸屉上，倒入低筋面粉，用手指拨平，大火蒸 10 分钟。出锅后与细砂糖一起过罗即成熟面干儿。豆沙馅用刮刀切成 15g 一个的剂子，用手搓成球状，备用。

步骤 3 熟制。将糯米放入盆中淘洗干净，加清水放入蒸箱中蒸成米饭，同时蒸一块 1 米见方的干屉布。

步骤 4 制饭坯。将蒸过的屉布平铺在消过毒的案子上，将米饭倒在屉布上，用屉布将蒸好的糯米饭包住，一手攥住屉布的四角，另一手边蘸凉水边趁热隔布搓擦。

步骤 5 成型。以熟面粉做面干儿，将米饭皮搓成直径为 5cm 的条，切剂子 30 个（30g/ 个），将剂子揉圆、挖窝，放入豆沙馅，收口揉圆，滚蘸熟面干儿，上面放一个果脯，码入不锈钢长方盘内即成。

（2）制作关键点

艾窝窝是熟制后再成型摆盘，因此要格外注意操作卫生，保证进食者卫生安全。

制作艾窝窝的糯米需要提前用水浸泡 4 小时或更长时间，然后倒掉泡米的水，再上锅干蒸。蒸好的糯米水分充足，有弹力，口感好。

（3）面点成品特点

圆球状，饭皮紧包馅

心，不散、不塌。洁白如霜，表面均匀蘸满粉状面干儿。质感黏、软、糯、韧，不粘牙，入口细腻柔韧。口味微甜。

3. 面点营养

（1）面点的营养标签

表 2-16　艾窝窝营养标签

项目	每100g	NRV%
能量	269kcal	13%
蛋白质	5.8g	10%
脂肪	5.5g	9%
胆固醇	0mg	0%
碳水化合物	50.5g	17%
膳食纤维	1.5mg	6%
钠	28mg	1%
钙	58mg	7%
钾	128mg	6%
维生素 B_1	0.12mg	9%
维生素 B_2	0.05mg	4%
维生素 E	4.33mg	31%
磷	102mg	15%
铁	2.4mg	16%
锌	1.04mg	7%

（2）面点的营养特点

该面点提供丰富的碳水化合物和维生素 E，以及较丰富的蛋白质、磷、铁和一定量的膳食纤维、维生素 B_1、锌、钾等。属于低钠点心。

（3）面点的推荐人群

该面点适宜多种人群食用。因含钠低，高血压患者可适当多选用。但因所含碳水化合物多来自于蔗糖，故糖尿病患者应慎用。

五、杂粮类面点制作与推介

（一）芸豆卷

1. 面点原料

（1）面点原料组成

经验配方：干芸豆 500g、碱 2g、水 1000g

辅助原料：水豆沙馅 150g、凉开水适量、白糖 50g、熟芝麻 50g

（2）主料原料特点

本制品的主要原料为干芸豆。芸豆，又名四季豆、菜豆。

芸豆是一种营养价值比较高的植物蔬菜，它含有人体所需的多种维生素和矿物质，是人们在夏季经常食用的一种蔬菜，其食用方法很多，如炒、烧、焖、炖、做馅、凉拌等，值得指出的是，在芸豆等荚果物种组织中含有一种叫蛋白酶抑制素的成分，人体摄入会引发食物中毒，但此物质不耐高温，加热充分即可分解，因此，加工芸豆必须充分加热使之完全成熟后方可食用。

（3）主料卫生要求

大量的事实表明，芸豆的中毒主要与烹调制作方法不当有关。如吃芸豆包子、饺子、馅饼、急火炒芸豆及各种凉拌芸豆等，都容易引起中毒，而吃熟透的焖芸豆从未发生过中毒现象。这是因为生芸豆所含的毒性物质可被持续高温破坏。所有引起中毒的芸豆均有一个共同的特点，就是“芸豆颜色尚未全变，嚼之生硬豆腥味浓”。

避免芸豆中毒要点是要炒透煮烂，还要注意一次不要食用太多。无论采取何种制作方法，最好先将其用冷水浸泡或开水焯后再烹饪，以保证其加热充分，使之熟透。芸豆最好炖食，炒食时应使炒芸豆颜色全变，里外熟透，吃着没豆腥味。

2. 面点制作

（1）制作步骤

步骤 1　干芸豆挑去杂质，放入含碱的冷水中浸泡 2 ~ 5 小时。芸豆泡软后用清水漂洗至无碱味，去皮后放入锅中加 1000g 水，烧开后小火煮至豆粒绵软。捞出芸豆粒，放入湿屉布上，蒸制 30 ~ 60 分钟。

步骤 2　将蒸好的芸豆过罗，在干净的涤纶布上搓至细腻，成面坯备用。

步骤 3　豆沙馅用凉开水稀释至无浓稠块，备用。

步骤 4　将湿的涤纶布平铺在面案上，将芸豆面放在布上，抹刀抹平成长 40cm、宽 10cm、厚 3cm 的面皮。面坯上下各留出 2cm 宽边，平行抹入两条宽 2cm、长 40cm 的豆沙馅，中间空余 2cm 处撒入白糖及熟芝麻。将面皮上下 2cm 空边卷至中间，盖上豆沙馅后再对折，合并为一个圆柱形。

步骤 5　拉住涤纶布，去除不齐的两端，按照成品要求，将芸豆卷切成 2cm 宽的小段，装盘。

（2）制作关键点

制作芸豆面时，要保证有充足的浸泡、煮制、蒸制时间，否则芸豆面偏硬、易裂。

（3）面点成品特点

如意卷状，色泽雪白，白里见红，细腻绵软，入口即化，甜香爽口。

3. 面点营养

（1）面点的营养标签

表 2-17　芸豆卷营养标签

项目	每100g	NRV%
能量	137kcal	7%
蛋白质	7.1g	12%

项目	每100g	NRV%
脂肪	1.8g	3%
胆固醇	0mg	0%
碳水化合物	26.3g	9%
膳食纤维	3.3g	13%
钠	33mg	2%
钙	69mg	9%
钾	374mg	19%
维生素 A	9μgRE	1%
维生素 B_1	0.07mg	5%
维生素 B_2	0.04mg	3%
维生素 E	4.09mg	29%
磷	85mg	12%
铁	2.1mg	14%
锌	0.79mg	5%

（2）面点的营养特点

该面点含有丰富的维生素 E 和较丰富的蛋白质、膳食纤维、钾、磷、铁和一定量的碳水化合物、锌等。同时该面点属于低脂、低钠点心。

（3）面点的推荐人群

该面点适宜人群较多，因含有较丰富的膳食纤维，脂肪含量低，适宜老年人食用。同时含钾较丰富和含钠低，高血压患者也非常适宜。

（二）甜卷裹

1. 面点原料

（1）面点原料组成

经验配方：山药 1000g（去皮后约 850g）、大枣 250g、青梅 70g、桃仁 70g、面粉 125g、淀粉 50g、水 50g。

辅助原料：炸油、京糕 50g、白糖 100g。

（2）主料原料特点

本制品的主要原料为山药。山药块根含有大量的淀粉及蛋白质，并含有胆碱、黏液质、尿囊素等。是一种滋补品，除做菜食外，还是良好

的药材。在面点加工中可以作为制品的皮料、馅料；在菜肴的加工中适合多种烹调技法，如蜜汁、糖粘、拔丝、清炒、煮汤、白烧等。

（3）主料卫生要求

选用外观完整，无霉斑、无破损的新鲜山药作为该面点的原料。由于山药含淀粉高，易发生霉变，因此，宜将山药放于阴凉干燥处。如发现局部霉烂变质，加工时应将霉烂部分去除干净。

2. 面点制作

（1）制作步骤

步骤 1 备料。大枣去核；桃仁去杂洗净；京糕切成细丝；山药洗净，用刮皮刀去皮，去皮后随即放入水盆中浸泡，待全部山药去皮后，用刀面拍碎斩成块。

步骤 2 和面。将山药、枣、桃仁、青梅、面粉、淀粉、水和成浓稠的浆粒状面坯。手感以原料不散稍成团为宜。

步骤 3 熟制。笼屉上铺屉布，将原料全部倒入笼屉，大火蒸 15 ~ 20 分钟至山药熟透。

步骤 4 成型。手蘸清水，趁热隔屉布将熟料按压相互粘连成卷裹面坯。取适量面坯用干净的屉布卷紧，再捋成条状，以“△形”条为佳。将“△形”卷裹坯从屉布中取出，平放在案子上晾凉。

步骤 5 复熟。油锅上火烧 200℃，将晾凉变硬的卷裹坯切成 20cm 的长段，下油锅炸成金黄色捞出，再切成 2cm 厚的三角形小块。

步骤 6 装盘。卷裹块平码在盘子中，在表面撒上京糕丝、白糖即成。

（2）制作关键点

面粉要混合均匀，以感觉山药不黏手为准；处理山药时，可戴上手套，以免沾到皮肤上导致瘙痒；在捋山药卷时如果没有屉布，也可用保鲜膜代替；捋山药卷时一定要用力捋实，否则切开后成品易散。

（3）面点成品特点

外形呈正三角形块状，紧实不散。白绿红相间，色泽鲜明。口味微甜，有浓郁的山药、大枣的香气。

3. 面点营养

（1）面点的营养标签

表2-18　甜卷裹营养标签

项目	每100g	NRV%
能量	233kcal	12%
蛋白质	2.6	4%
脂肪	11.0g	18%
胆固醇	0mg	0%
碳水化合物	32.8g	11%
膳食纤维	2.1g	8%
钠	22mg	1%
钙	22mg	3%
钾	149mg	7%
维生素 B_1	0.11mg	8%
维生素 B_2	0.07mg	5%
维生素 E	4.86mg	35%
磷	50mg	7%
铁	2.1mg	14%
锌	0.71mg	5%

（2）面点的营养特点

该面点经过油炸处理后，能量和脂肪量增高，致使该面点营养密度下降。含有丰富的维生素 E 以及较丰富的碳水化合物、铁，还有一定量的钾、磷、锌以及维生素 B_1 等。

（3）面点的推荐人群

该面点适宜普通人群。儿童、老年人也可适当选择食用。该面点虽不含胆固醇，但因油炸后脂肪含量增加，高脂血症患者要少用。糖尿病患者食用时需酌情减少糖的用量。

（三）南瓜饼

1. 面点原料

（1）面点原料组成

主坯原料：糯米粉 300g，澄粉 100g，南瓜 250g，白糖 50g，桂花酱，黄油 150g。

馅心原料：莲蓉馅 300g。

辅助原料：植物油 150g。

（2）主料原料特点

本制品的主要原料为糯米粉，即江米粉，前面已介绍。馅心采用了莲蓉，莲蓉就是由莲子、油、糖以及其他香料制备而成的。莲蓉分为红莲蓉、白莲蓉和黄莲蓉。红莲蓉是用莲子和红糖制作而成的，白莲蓉则是用莲子和白糖熬制而成，黄莲蓉则是加了红糖和油和的面，因此呈黄色。

（3）主料卫生要求

优质莲蓉表面干净无杂质，颜色鲜明有光泽，具有莲蓉应有的滋味，无不良异味。

2. 面点制作

（1）制作步骤

步骤1　和面。将南瓜去皮、去籽洗净，切成块，放入蒸锅内蒸熟。蒸熟的南瓜出锅放在案板上，用长木铲趁热拌进黄油、糯米粉、澄粉、白糖、桂花酱，待原料不烫手时，用手将全部原料搓擦成面坯。

步骤2　上馅。将面坯搓条。根据模具大小，下剂子，用手捏成边缘稍薄，中间稍厚的碗形面坯，包入白莲蓉馅。用手将面皮的四周拢上，收口，将其包制成近似于圆球形状。

步骤3　成型。将木模内壁稍撒澄粉，将球形生坯嵌入木模内，用手将面坯按实。手握木模手把，将木模的左右侧分别在案子上用力各磕一次，使木模内面坯左右侧与木模分离，再将木模底面向上，用力在案子上再磕一下，使生坯磕出，轻轻用手拿起生坯，码入刷过油的笼屉内。

步骤 4　熟制。将笼屉放入蒸锅，旺火蒸制 10 分钟至饼坯呈透明状，下屉后放入冰箱中保存。食用前将南瓜饼从冰箱中取出，平锅上火烧热，倒入植物油，将南瓜饼放入锅中煎热、煎软，码入盘中即可。

（2）制作关键点

以南瓜或番薯入料要趁热压成泥，同时加入白糖和黄油，令其充分溶化混匀；原料中适当掺加澄粉，可使成品色泽光亮；如以煎法熟制南瓜饼，要控制好温度，以保证饼内外全熟透。

（3）面点成品特点

外形与模具形状相同，棱角分明，图案清晰。色泽金黄明亮，呈半透明状。质感柔韧、酥软甜糯、微黏。有浓郁的南瓜香气。

3. 面点营养

（1）面点的营养标签

表 2-19　南瓜饼营养标签

项目	每100g	NRV%
能量	399kcal	20%
蛋白质	2.1g	4%
脂肪	23.2g	39%
胆固醇	34mg	11%
碳水化合物	45.8g	15%
膳食纤维	0.4g	2%
钠	7.3mg	0.4%
钙	16.8mg	2%

项目	每100g	NRV%
钾	90.8mg	5%
维生素A	30μgRE	4%
维生素B_1	0.06mg	4%
维生素B_2	0.04mg	3%
维生素C	1.8mg	2%
维生素E	3.21mg	23%
磷	33mg	5%
铁	2.2mg	15%
锌	0.84mg	6%

（2）面点的营养特点

该面点因使用油脂较多，因而能量、脂肪含量高，营养密度相对较低。该面点提供较丰富的碳水化合物、维生素E和铁、磷以及一定量的钾、磷和锌。

（3）面点的推荐人群

该面点适宜重体力工作者、低温工作者选用。但肥胖、高脂血症的人群应慎选用。糯米粉黏腻，难以消化，脾胃虚弱者不宜多食，老人、小孩和病后消化力弱者忌食，糖尿病患者慎食。

六、甜点制作与推介

（一）焦糖布丁

1. 面点原料

（1）面点原料组成

蛋黄100g、淡奶油200ml、牛奶200ml、细砂糖30g、明胶片1.5片、焦糖棒40g

（2）主料原料特点

本制品的主要原料为牛奶和淡奶油。牛奶含有丰富的矿物质、钙，另外磷、铁、锌、铜、锰、钼的含量都很多。最难得的是，牛奶是人体钙的最佳来源，而且钙、磷比例非常适当，利于钙的吸收。

奶油在乳制品工业上称作稀奶油，它是从鲜牛奶中分离出来的乳制品，是制作黄油的中间产物。食品加工和烹饪中常用的有甜味奶油、淡奶油和酸奶油。淡奶油也叫稀奶油，一般都指可以打发裱花用的动物奶油，脂肪含量一般在 30% ~ 36%，打发成固体状后就是蛋糕上面装饰的奶油了。相对于植物奶油，动物淡奶油本身不含糖，所以打发的时候要加糖。动物奶油的熔点比植物奶油要低一些，可用来制作奶油蛋糕、冰激凌、慕斯蛋糕、提拉米苏等，如果做面包的时候加一些，也会让面包更加松软。

奶油中主要含有脂肪、蛋白质、水分等。奶油中的脂肪含量较低，一般在 15% ~ 25% 之间。它以脂肪球和游离脂肪状态存在。奶油的独特芳香味，主要是由挥发性游离脂肪酸等成分形成的。优质的奶油气味芳香醇正，口味微甜，内部组织细腻无杂物、无结块。

（3）主料卫生要求

牛奶选用无菌袋装奶，较为安全。奶油一般采用冷藏的方式贮藏，贮藏温度为 4 ~ 6℃。

2. 面点制作

（1）制作步骤

将明胶片放在冷水中浸泡约 10 分钟，直到变软；将蛋黄与细砂糖混合，搅拌均匀，充分抽打，直到蛋黄颜色变浅；牛奶、淡奶油和焦糖棒一起放入锅中，小火加热，煮开搅拌，直到焦糖棒完全熔化在牛奶中；然后将热牛奶逐渐冲入蛋黄中，同时不停搅拌；再将混合均匀的液体倒回锅中，小火加热 3 分钟（不要煮开），同时不停搅拌；离火后，将明胶片挤干水分，加入其中，搅拌至明胶完全熔化；倒入 4 个小容器中，放凉，封上保鲜膜，冷藏 2 小时即可。

（2）制作关键点

烤箱温度和时间可视情况微调；糖浆等要趁热倒入瓶子中，不然

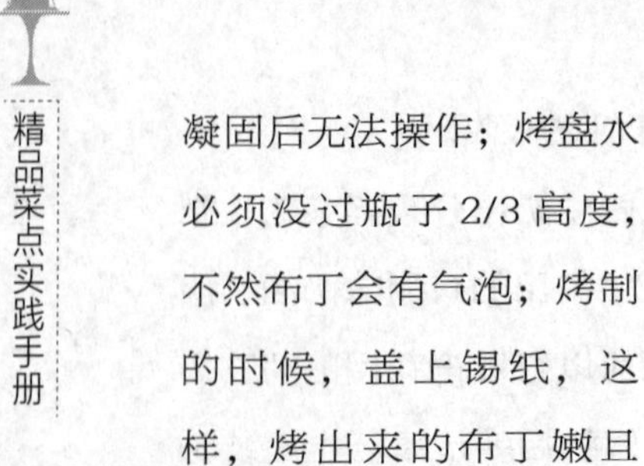

凝固后无法操作；烤盘水必须没过瓶子 2/3 高度，不然布丁会有气泡；烤制的时候，盖上锡纸，这样，烤出来的布丁嫩且不起皮。

（3）面点成品特点

与定型容器一同上桌，颜色焦黄，口感软滑，奶香浓郁。

3. 面点营养

（1）面点的营养标签

表 2-20　焦糖布丁营养标签

项目	每100g	NRV%
能量	311kcal	16%
蛋白质	5.7g	9%
脂肪	24.9g	42%
胆固醇	303mg	101%
碳水化合物	16.6g	6%
钠	144mg	22%
钙	58mg	7%
钾	441mg	22%
维生素 A	199μgRE	25%
维生素 B_1	0.07mg	5%
维生素 B_2	0.15mg	11%
维生素 E	1.68mg	12%
磷	89mg	13%
铁	1.4g	10%
锌	1.23mg	8%

（2）面点的营养特点

该面点含有丰富的维生素 A 和钾，以及较丰富的蛋白质、维生

素 B_2、维生素 E、磷、铁，以及一定量的钙、锌、维生素 B_1 等。但该面点脂肪和胆固醇含量高，提供能量较高。

（3）面点的推荐人群

该面点适宜重体力工作者、低温工作者食用。也适宜长期用眼工作者，需要补充维生素 A 的人群食用。但肥胖、高脂血症的人群应慎食用。老年人也应少食用。

知识链接

在烹煮牛奶和奶油时，加入巧克力、香草豆荚、咖啡利口酒、混合水果、桂皮粉等，即可制成不同口味的布丁。

（二）提拉米苏

1. 面点原料

（1）面点原料组成

面粉、玉米粉、泡打粉、塔塔粉、马斯卡彭奶酪 250g、鸡蛋 180g（冷藏）、黑咖啡 300ml（温）、杏仁利口酒 5g、细砂糖 80g、手指饼干 300g、盐 3g、可可粉 3g

（2）主料原料特点

本制品的主要原料为马斯卡彭奶酪。马斯卡彭奶酪原产地是意大利 Lombardy 地区，主要用于比萨及蛋糕的烘焙。是一种将新鲜牛奶发酵凝结，继而取出部分水分后所形成的“新鲜奶酪”。其固形物种乳酪脂肪成分 80%。软硬程度介于鲜奶油与奶油乳酪之间，带有轻微的甜味及浓郁的口感。

严格来说，马斯卡彭奶酪不能算是奶酪，因为它既非菌种发酵，也不是由凝乳霉制得的。其本身制作非常方便，是用轻质奶油（也就是通常所说的淡奶油）加入酒石酸后转为浓稠而制成。所以，应该归类为凝结奶油，而非奶酪，就是因为它并非传统奶酪，以至于保质期短，难以保存，所以市售的价格一直很高昂。很多人都用奶油奶酪加上柠檬汁来代替马斯卡彭奶酪，但毕竟两者本质不同，因此制成的成品口感会差别很大。

（3）主料卫生要求

奶油奶酪极易霉变，分取时应注意卫生。切开后的奶油奶酪要用保鲜膜包严，中间勿留空隙，以延长存放时间。

2. 面点制作

（1）制作步骤

步骤 1　蛋糕坯：面粉，玉米粉过筛加入蛋黄，色拉油搅拌均匀；冲入煮沸的牛奶拌匀，凉后加入泡打粉；蛋白放入搅缸搅至湿性发泡加入塔塔粉，糖打发至干性发泡；蛋黄，蛋白混合拌匀倒入烤盘，抹平入炉、160℃～170℃烤制 20 分钟。

步骤 2　手指饼：蛋白、蛋黄各自加糖分别打发混合；加入过筛的面粉、玉米粉拌匀；装入圆嘴挤袋，挤成均匀一致的长条形，表面筛一层面粉；放入 160℃～170℃的烤箱中，烤制 18 分钟。

步骤 3　慕斯：明胶片冷水泡软溶化备用，甜淡奶油混合打发常温备用；奶油奶酪放入搅缸（或双煮）搅匀，分次加入马斯卡彭奶酪搅匀；蛋白放入搅缸打至中性发泡，冲入熬至 118℃的糖，搅匀；蛋黄，糖搁水打至浓稠；牛奶、蜂蜜、明胶片隔水加热，全部混合拌匀；倒入模具内抹平，一层慕斯一层吸饱咖啡水的手指饼，再一层慕斯一层蛋糕坯。冷冻 2 小时脱模装饰即可。

（2）制作关键点

制作用具一定要消毒干净；煮浆汁时防止煳底；水果使用前要沥干水分。

（3）面点成品特点

与定型容器一同上

桌，颜色焦黄，色泽均匀，口感软滑，奶香浓郁。

3. 面点营养

（1）面点的营养标签

表 2-21　提拉米苏营养标签

项目	每100g	NRV%
能量	311kcal	16%
蛋白质	9.7g	16%
脂肪	14.9g	25%
胆固醇	104mg	35%
碳水化合物	35.6g	12%
膳食纤维	1.1g	4%
钠	751mg	38%
钙	156mg	19%
钾	161mg	8%
维生素 A	35μgRE	4%
维生素 B_1	0.06mg	4%
维生素 B_2	0.22mg	16%
维生素 E	0.43mg	3%
磷	171mg	24%
铁	1.0g	6%
锌	1.16mg	8%

（2）面点的营养特点

该面点提供丰富的磷和较丰富的蛋白质、碳水化合物、钙、维生素 B_2，以及一定量的钾、铁、锌等。

（3）面点的推荐人群

该面点适宜多种人群选用，尤其适宜正在生长发育的儿童，以补充钙的不足。但因该点心脂肪和胆固醇含量均较高，高脂血症患者慎用。老年人宜少量选用。

（三）蛋白杏仁饼（马卡龙）

1. 面点原料

（1）面点原料组成

蛋清 500g、砂糖 400g、杏仁碎 560g、糖粉 560g、朗姆酒 26g、香草香精 3g、盐 5g

（2）主料原料特点

本制品的主要原料是杏仁碎和糖粉。糖粉为洁白的粉末状糖类，颗粒非常细，同时约有 3% ~ 10% 的淀粉混合物（一般为玉米粉），有防潮及防止糖粒结块的作用。糖粉也可直接以网筛过滤，直接筛在西点成品上做表面装饰。

（3）主料卫生要求

杏仁有两种，一种为甜杏仁，一种为苦杏仁。而苦杏仁由于含有苦杏仁苷，如生食会引起中毒。如用苦杏仁加工食品时，可反复用水浸泡、加热或炒透去除其毒性。在选购杏仁时，要注意闻其味道，如有哈喇味说明其已酸败，不能食用。保存时应放于阴凉干燥处，防止酸败。

2. 面点制作

（1）制作步骤

步骤 1　调制饼干糊。配方中的蛋清放入小型搅拌器中，用蛋抽子打发，当蛋清变白变硬后，逐渐加入细砂糖，搅拌不能太快，加完后再抽打半分钟，使蛋白更加挺拔和光亮。将杏仁碎和糖粉混合至没有颗粒。再将杏仁碎和糖粉混合物一次性倒入打发的蛋清中，用木勺从底向上搅动至混合物均匀，加入朗姆酒和香草香精。

步骤 2　成型。将饼干糊倒入装有 10mm 裱花圆嘴的挤袋中，在不粘垫上挤成直径 25mm 的球形。

步骤 3　熟制。于 165℃烤炉中烘烤至饼干能从不粘垫上取下即可。

通常还可在两块饼干之间夹水果酱或奶油等内馅。

（2）制作关键点

整个过程中，搅拌方法和搅拌速度至关重要，细砂糖应逐渐加入并伴随缓慢搅拌，最后的搅拌则应该是从底向上抄拌。使用剂袋时动作要连贯，剂袋垂直于烤盘，挤出的坯子要表面光滑。

（3）面点成品特点

椭球形，像汉堡一样夹有馅料。通过添加色素可有不同颜色。香甜酥脆，里面柔软，口味随填充馅料。

3. 面点营养

（1）面点的营养标签

表 2-22　蛋白杏仁饼（马卡龙）营养标签

项目	每100g	NRV%
能量	356kcal	18%
蛋白质	9.0g	15%
脂肪	12.3g	21%
胆固醇	0mg	0%
碳水化合物	54.1g	18%
膳食纤维	2.2g	9%
钠	118mg	6%
钙	38mg	5%
钾	64mg	3%
维生素 B_1	0.03mg	2%
维生素 B_2	0.23mg	16%
维生素 E	5.06mg	36%
磷	16mg	2%
铁	1.3g	8%
锌	1.3mg	9%

（2）面点的营养特点

该面点含有丰富的维生素 E 和较丰富的蛋白质、碳水化合物、维生素 B_2，以及一定量的膳食纤维、铁、锌、钾等。

（3）面点的推荐人群

该面点适宜普通人群选用，儿童、孕妇、乳母可适量选用。因所含碳水化合物多来自于蔗糖，故糖尿病患者应慎用。

第二篇

考　核

第三章　制作与服务卫生考核

一、考核目的

检验学生是否掌握食品安全的卫生安全操作以及各项卫生制度。

二、考核方法

现场操作与现场回答两种形式结合。

1. 学生根据考官的要求，进行实际清洁卫生工作。（10 分钟）

2. 考官根据学生的操作内容与完成情况进行提问。（5 分钟）

三、考核要求

1. 每位学生对应两名考官（一对二）。

2. 每位学生考核时间不超过 20 分钟。

3. 不参加考核的学生不得进入考场。

4. 学生着工作服进入考场。

四、考核地点

校中餐厨房或餐厅。

五、考核内容与评分表

表 3-1　过程考核一　评分表

<table>
<tr><td colspan="3">考核人：</td><td colspan="2">考核日期：</td></tr>
<tr><td colspan="3">考核内容</td><td>评分标准</td><td>得分</td></tr>
<tr><td rowspan="6">现场操作</td><td rowspan="2">个人卫生</td><td>穿戴情况</td><td></td><td></td></tr>
<tr><td>洗手、消毒</td><td></td><td></td></tr>
<tr><td rowspan="4">清洁与消毒</td><td>餐具清洗与消毒</td><td></td><td></td></tr>
<tr><td>抹布清洗</td><td></td><td></td></tr>
<tr><td>操作台面清洁</td><td></td><td></td></tr>
<tr><td>菜板的清洗消毒</td><td></td><td></td></tr>
<tr><td rowspan="8">教师提问</td><td rowspan="2">餐饮卫生规范</td><td>加工人员着装的卫生要求</td><td></td><td></td></tr>
<tr><td>食品加工人员在什么情况下应重新洗手?</td><td></td><td></td></tr>
<tr><td rowspan="6">餐厅服务的食品安全管理</td><td>餐厅空气中的污染物有哪些？采用什么方法可对餐厅空气进行杀菌?</td><td></td><td></td></tr>
<tr><td>餐厅空气中物理污染物主要有哪些？通常采用什么样的控制方法?</td><td></td><td></td></tr>
<tr><td>餐厅空气中 CO 可能来自于哪里?</td><td></td><td></td></tr>
<tr><td>简述餐厅服务人员的个人卫生要求有哪些。</td><td></td><td></td></tr>
<tr><td>餐厅服务人员的穿戴有哪些卫生要求?</td><td></td><td></td></tr>
<tr><td>餐厅服务人员在服务过程中如何保持用具的卫生?</td><td></td><td></td></tr>
</table>

续表

考核人：			考核日期：	
考核内容			评分标准	得分
教师提问	餐具、抹布洗消程序及方法	餐厅用具清洗流程一般按哪三个步骤进行？餐具清洗分为哪几步骤？		
		餐具的消毒方法有几类？分别是什么？		
		采用煮沸消毒的方法对餐具进行消毒时，其控制条件是什么？		
		采用红外线消毒的方法对餐具进行消毒时，其控制条件是什么？		
		采用化学消毒的方法对餐具进行消毒时其消毒程序是什么？化学消毒液中有效氯浓度是多少？浸泡时间是多少？		
		抹布采用煮沸消毒时其时间是多少？采用漂白剂消毒时次氯酸钠的浓度是多少？浸泡多长时间？		
	现代食品管理技术（HACCP）	对食品安全危害予以识别、评估和控制的一种系统化方法称为？		
		HACCP 主要由哪两部分组成？		
		HACCP 中所提到的危害有哪些？		
		在 HACCP 管理中，烹调作为关键控制点其适用的纠偏措施是什么？		
		餐饮业生食类食品加工的流程有哪些？		
		餐饮业 HACCP 建立的方法由几个步骤组成？		
	食品安全法	食品安全事故如何救援？		
		有问题食物如何处置？		

六、考核参考答案

表3-2　过程考核一　参考答案

考核内容		参考答案
个人卫生	穿戴情况	应保持良好个人卫生，操作时应穿戴清洁的工作服、工作帽（专间操作人员还需戴口罩），头发不得外露，不得留长指甲，涂指甲油，佩戴饰物
	洗手	1. 掌心对掌心搓擦； 2. 手指交错掌心对手背搓擦； 3. 手指交错掌心对掌心搓擦； 4. 两手互握互搓指背； 5. 拇指在掌中旋转搓擦； 6. 指尖在掌心中搓擦
清洁与消毒	餐具清洗与消毒	1. 除去残渣； 2. 将餐具浸泡在洗涤液中（浸泡10分钟）（洗涤液的调配：洗涤剂加入水中，调水温至45℃～60℃，但不超过63℃）； 3. 可用干净的布、刷子或丝瓜筋，将餐具擦洗干净； 4. 漂洗。将餐具取出，放入另一盛有清水的水池中浸放1～2分钟； 5. 消毒（物理消毒或化学消毒）； 6. 保洁
	操作台清洁	1. 清除食物残渣及污物； 2. 用湿布抹擦或用水冲刷； 3. 用清洁剂清洗； 4. 用湿布抹净或用水冲净； 5. 用消毒剂消毒； 6. 风干
	菜板清洁	1. 在炊帚上蘸上洗涤剂，仔细擦去油脂； 2. 用刀的背面削去菜板的破损部分； 3. 用流动水把洗涤剂洗净； 4. 将清洁的抹布置于菜板上，抹布上浇上消毒液； 5. 静置5分钟以上； 6. 用流动水冲去消毒液； 7. 消毒的抹布用流动水充分冲洗，拧干后用于擦拭菜板

续表

<table>
<tr><th colspan="2">考核内容</th><th>参考答案</th></tr>
<tr><td rowspan="2">餐饮卫生规范</td><td>问题 1：加工人员着装的卫生要求。</td><td>1. 工作服（包括衣、帽、口罩）宜用白色（或浅色）布料制作，也可按其工作的场所从颜色或式样上进行区分，如粗加工、烹调、仓库、清洁等；
2. 工作服应有清洗保洁制度，定期进行更换，保持清洁。接触直接入口食品人员的工作服应每天更换；
3. 食品生产经营人员上厕所前应在食品处理区内脱去工作服；
4. 待清洗的工作服应放在远离食品处理区；
5. 每名食品生产经营人员应有两套或以上工作服</td></tr>
<tr><td>问题 2：食品加工人员在什么情况下应重新洗手?</td><td>1. 开始工作前；
2. 处理食物前；
3. 上厕所后；
4. 处理生食物后；
5. 处理弄污的设备或饮食用具后；
6. 咳嗽、打喷嚏或擤鼻子后；
7. 处理动物或废物后；
8. 触摸耳朵、鼻子、头发、口腔或身体其他部位后；
9. 从事任何可能会污染双手活动（如处理货款、执行清洁任务）后</td></tr>
<tr><td rowspan="2">食品安全法</td><td>食品安全事故如何救援?</td><td>开展应急救援工作，对因食品安全事故导致人身伤害的人员，卫生行政部门应当立即组织救治</td></tr>
<tr><td>有问题食物如何处置?</td><td>封存可能导致食品安全事故的食品及其原料，并立即进行检验；对确认属于被污染的食品及其原料，责令食品生产经营者依照本法第五十三条的规定予以召回、停止经营并销毁</td></tr>
</table>

第四章　烹饪原料特点与营养考核

一、考核目的

检验学生是否掌握烹饪原材料的特性、品质、卫生以及营养特点等等相关知识，检验学生对烹饪原料、营养、卫生三方面知识的综合理解能力。

二、考核方法

现场抽签与现场回答两种形式结合。

1. 学生根据抽签内容，结合原料实物，回答抽签上的内容。（10 分钟）

2. 考官根据学生的回答，进行相关问题的提问。（5 分钟）

三、考核要求

1. 每位学生对应两名考官（一对二）。

2. 每位学生考核时间不超过 20 分钟。

3. 未抽签的学生不得进入考场。

4. 学生提前 5 分钟抽签，进入考场准备。

四、考核地点

教室

五、考核内容与评分表

1. 抽签内容

鸭肝、鸭胗（肫）、鸭肠、黄花鱼、鲈鱼、三文鱼、鸭血、鸭胸肉、鳜鱼、鸭掌、对虾、猪蹄、猪肘、奶油、牛奶、奶酪、西蓝花、山药、芦笋、冬笋、胡萝卜、白萝卜、玉米粉、洋葱、西芹、柿子椒、油菜、白菜、生菜、韭菜、香菇、马蹄、猕猴桃、熏干、北豆腐

2. 考核评分表

表 4-1　过程考核二　评分表

抽签内容：			
考核人：		考核日期：	
考核内容		评分标准	得分
烹饪原料（30分）	学生根据签条回答情况		
	教师提问回答情况		
原料的卫生安全（30分）	学生根据签条回答情况		
	教师提问回答情况		
膳食营养（40分）	学生根据签条回答情况		
	教师提问回答情况		

六、考核题库与参考答案

表 4-2　过程考核二　抽签题库与参考答案

原料类别	考核内容			参考答案
鸭肝 1	签条问题（每个签条 1~2 个问题）	原料	简述鸭肝的感官特点	鸭肝为鸭科动物家鸭的肝脏。呈大小双叶，色紫红，质细嫩
			鸭肝与鸡肝比较异同	鸡肝为雉科动物家鸡的肝脏。呈大小双叶，色紫红。叶面常有苦胆和筋络，鸭肝较鸡肝大而细嫩

续表

原料类别	考核内容			参考答案
鸭肝 1	签条问题（每个签条1~2个问题）	卫生	简述鸭肝类菜肴可能存在的卫生隐患	生物性、化学性污染
			加工卫生要求	中心温度70℃以上
		营养	简述鸭肝的营养特点	鸭肝中含有多种营养素，其中蛋白质、维生素A、维生素B_2、铁、钾等含量丰富，不足之处是胆固醇含量较高
			简述鸭肝与猪肝营养特点的异同	鸭肝比猪肝在蛋白质、维生素A、维生素B_2含量上均低于猪肝。脂肪、胆固醇含量高于猪肝，但鸭肝脂肪中单不饱和脂肪酸含量高。硒的含量明显高于猪肝
	教师问题（每个方面2个问题）	原料	简述鸭肝的品质鉴定标准	新鲜的鸭肝应为大小双叶完整形态，其颜色为紫红色，无苦胆痕迹和筋络，表面微干，有光泽，质细嫩，略有弹性，无异味
			根据鸭肝的质感特点，推荐1~2款最佳烹调方法	爆炒、盐水煮
		卫生	鸭肝类菜肴如何存放？	热菜63℃以上，凉菜5℃以下
			生物性污染有哪些？	寄生虫，细菌、病毒
	教师问题（每个方面2个问题）	营养	维生素A（维生素B_2）的功能是什么？ 缺乏会有哪些症状？	维生素A有维持视觉功能、维持上皮组织健全、促进人和动物的正常生长、促进动物生殖力、防治细胞肿瘤的发生、防癌功能，同时维生素A有改善铁的吸收和预防夜盲症、蟾皮症、干眼病等作用
			还有哪些食物含维生素A丰富？	各种动物肝脏、动物血、奶油、禽蛋等
			鸭肝适宜哪些人群食用？理由？	孕妇、儿童

续表

原料类别	考核内容			参考答案
鸭肠 2	签条问题（每个签条1~2个问题）	原料	肌肉特点	平滑肌，质地韧脆
			感官性状	白色，附着黏液，有弹性，有家禽内脏气味
		卫生	简述鸭肠类菜肴可能存在的卫生隐患	生物性、化学性污染
			加工卫生要求	洗涤干净。加热中心温度70℃以上
		营养	简述鸭肠的营养特点	鸭肠中含有丰富的蛋白质、磷、钾、铁、锌。但也含有较多的胆固醇
	教师问题（每个方面2个问题）	原料	如何挑选新鲜的鸭肠?	白色，附着黏液，有弹性，有家禽内脏气味
			适宜工艺方法	炒、卤
		卫生	鸭肠类菜肴如何存放?	热菜63℃以上，凉菜5℃以下
			生物性污染有哪些?	寄生虫，细菌、病毒
		营养	蛋白质有何重要生理功能?	蛋白质构成机体和生命的重要物质基础（催化作用、调节生理机能、氧的运输、肌肉收缩、支架作用、免疫作用、遗传物质），修补更新肌体组织和提供能量
			还有哪些食物中蛋白质含量丰富?	肉类、蛋类、豆类
鸭胗（鸭肫）3	签条问题（每个签条1~2个问题）	原料	肌肉特点	平滑肌，质地韧脆、细密
			感官性状	肌肉块饱满，色深红，有弹性，气味正常，不黏手
		卫生	生物性污染有哪些?	寄生虫，细菌、病毒

续表

原料类别	考核内容			参考答案
鸭胗（鸭肫）3	签条问题（每个签条1~2个问题）	营养	简述鸭胗的营养特点	鸭胗是高蛋白、低脂肪的食物，含有丰富的蛋白质、磷、钾、铁、锌。但也含有较多的胆固醇
	教师问题（每个方面2个问题）	原料	鸭胗的简单处理方法	撕去鸭胗内金，摘除多余的脂肪和杂质，用清水冲洗
			鸭胗的烹调方法	炒、烧、卤、拌等
		卫生	鸭胗类菜肴如何存放？	热菜63℃以上，凉菜5℃以下
			生物性污染有哪些？	寄生虫，细菌、病毒
		营养	你如何看待胆固醇	人体每天需要一定量的胆固醇，发挥其生理作用，但过多会引起心血管疾病
			如何搭配降低食物中的胆固醇？	与含维生素C、膳食纤维、不饱和脂肪酸含量丰富的食物搭配
黄花鱼4	签条问题（每个签条1~2个问题）	原料	物种特征	海洋鱼类，有大小黄鱼之分，金黄色；尾柄细长
			肉质特征	肉质较松，呈蒜瓣状，细嫩鲜香，刺大
		卫生	鱼类的主要卫生问题	1. 生物性污染 2. 腐败变质 3. 有毒有害物质污染蓄积 4. 放射性污染 5. 天然有毒有害物质
			感官指标	眼球饱满，角膜透明（眼球光亮），鳃色鲜红，鳃丝清晰，鳃紧闭，口不张，体表有光泽，鱼鳞紧贴完整，肌肉有弹性（按压肌肉不凹陷）
		营养	简述黄花鱼的营养特点	黄花鱼是高蛋白、低脂肪的食物，含胆固醇也较低，含有丰富的蛋白质、磷、钾和较丰富的钙

续表

原料类别	考核内容			参考答案
黄花鱼 4	教师问题 （每个方面 2个问题）	原料	黄鱼的感官检验	鱼体外观、色、腮、腹、气味等
			黄鱼的食用方法	清蒸、红烧、干炸、侉炖等
		卫生	黄花鱼菜肴如何存放?	热菜63℃以上，凉菜5℃以下
			生物性污染有哪些?	寄生虫，细菌
		营养	你如何看待胆固醇	人体每天需要一定量的胆固醇，发挥其生理作用，但过多会引起心血管疾病
			还有哪些动物性食物中含胆固醇较低?	牛奶、兔肉、带鱼、瘦猪肉和瘦牛肉、瘦羊肉……
鲈鱼 5	签条问题 （每个签条 1~2个问题）	原料	物种特征	海洋鱼类，口大，下颌突出。银灰色，背部和背鳍上有小黑斑
			肉质特征	肉质坚实，呈蒜瓣状，细嫩而鲜美，味清香，刺少，为宴席常用鱼类
		卫生	鱼类的主要卫生问题	1. 生物性污染 2. 腐败变质 3 . 有毒有害物质污染蓄积 4 . 放射性污染 5. 天然有毒有害物质
			感官指标	眼球饱满，角膜透明（眼球光亮），鳃色鲜红，鳃丝清晰，鳃紧闭，口不张，体表有光泽，鱼鳞紧贴完整，肌肉有弹性（按压肌肉不凹陷）
		营养	简述鲈鱼的营养特点	鲈鱼是高蛋白、低脂肪的食物，含胆固醇也较低，含有丰富的蛋白质、钙、磷、钾、铁、锌
	教师问题 （每个方面 2个问题）	原料	是否了解“淡水”鲈鱼	鲈鱼大多生活在近海江河入口处，属于一种咸淡水鱼类
			烹饪方法	鲈鱼肉质白嫩、清香，没有腥味，肉为蒜瓣形，最宜清蒸、红烧或炖汤

续表

原料类别	考核内容			参考答案
鲈鱼 5	教师问题 （每个方面 2个问题）	卫生	鲈鱼菜肴如何存放？	热菜63℃以上，凉菜5℃以下
			生物性污染有哪些？	寄生虫，细菌
		营养	钙缺乏有哪些缺乏症？	软骨病（佝偻病、骨质增生症、骨质疏松症）
			抑制钙吸收的因素有哪些？	脂肪、膳食纤维、草酸、植酸、酸性药物等
			还有哪些食物中含有丰富的钙？	奶类、虾类、豆类、芝麻酱、苋菜、油菜等
三文鱼 6	签条问题 （每个签条 1~2个问题）	原料	物种特征	有些生活在淡水中；有些栖于海洋中，在生殖季节溯河产卵，做长距离洄游
			肉质特征	体大而肥壮；肉质紧实，弹性好；肉色橘红；肉味鲜美而刺少，脂肪含量高
		卫生	鱼类的主要卫生问题	1. 生物性污染 2. 腐败变质 3. 有毒有害物质污染蓄积 4. 放射性污染 5. 天然有毒有害物质
			感官指标	眼球饱满，角膜透明（眼球光亮），鳃色鲜红，鳃丝清晰，鳃紧闭，口不张，体表有光泽，鱼鳞紧贴完整，肌肉有弹性（按压肌肉不凹陷）
		营养	简述三文鱼的营养特点	三文鱼是含胆固醇较低的食物，含有丰富的蛋白质、磷、钾、锌
	教师问题 （每个方面 2个问题）	原料	鱼卵加工	红鱼子酱
			烹饪方法	适宜于烧、炖、蒸、酱、熏等多种烹调方法，生食鱼片更体现其细嫩和鲜美
		卫生	三文鱼菜肴如何存放？	热菜63℃以上，凉菜5℃以下
			生物性污染有哪些？	寄生虫，细菌

续表

原料类别	考核内容			参考答案
三文鱼 6	教师问题 （每个方面 2个问题）	营养	磷有哪些生理功能？	磷是构成牙齿和骨骼的主要无机盐；是细胞核蛋白、磷脂和某些重要酶的主要成分：磷酸盐维持体内的酸碱平衡；磷还参与葡萄糖、脂肪和蛋白质的代谢
			还有哪些食物中含有丰富的磷？	鱼类、豆类、杏仁、核桃、南瓜籽
鸭血 7	签条问题 （每个签条 1~2个问题）	原料	原料特点	鸭血为家鸭的血液。以取鲜血为好
			感官特点	有正常的腥味，颜色暗红，弹性好
		卫生	鸭血的主要卫生问题	1. 生物性污染 2. 腐败变质 3. 放射性污染 4. 重金属污染
		营养	简述鸭血的营养特点	鸭血是高蛋白、低脂肪的食物，含有丰富的蛋白质、钾、铁
	教师问题 （每个方面 2个问题）	原料	适宜烹饪	烩、烧、炒等
		卫生	评价鸭血质量的指标	感官指标、理化指标、微生物指标
		营养	鸭血与猪血的营养特点异同	都属于高蛋白低脂肪的食物，均含有丰富的铁，但鸭血中的铁和钾远高于猪血。不足之处是胆固醇含量高于猪血
			还有哪些食物中含有丰富的铁？	猪肝、猪血、芝麻酱、枣、南瓜子仁、苋菜等
			抑制铁吸收的因素有哪些？	鞣酸、草酸、植酸、磷酸盐、膳食纤维、碱性药物等
鸭胸肉 8	签条问题 （每个签条 1~2个问题）	原料	原料特点	鸭胸肉质细嫩少筋，是鸭身上最好的肉
			适宜加工	可以切成丝、丁、茸等
		卫生	肉类食品的卫生问题	1. 腐败变质 2. 人畜共患传染病和寄生虫病 3. 有毒有害物质污染与残留

续表

原料类别	考核内容			参考答案
鸭胸肉 8	签条问题（每个签条 1~2 个问题）	营养	简述鸭胸肉的营养特点	鸭胸肉是高蛋白、低脂肪的食物，含有丰富的蛋白质、钾、铁、锌
	教师问题（每个方面 2 个问题）	原料	适宜烹饪	炒、炸、烩、煎
		卫生	后熟肉特点	A. 细嫩、柔软，有弹性，易咀嚼，易消化，感官性状良好，味道鲜美 B. 自身防腐作用 C. 肉类食品消毒方法
			新鲜肉的卫生指标	1. 感观指标：色泽、黏度、弹性、气味、肉汤 2. 理化指标 ① TVBN 测定 ② H_2S ③ pH 值 ④ 氨测定 ⑤ 过氧化值 ⑥ 球蛋白： 3. 微生物指标：不得检出致病菌，寄生虫
		营养	鸭胸肉与鸡胸肉的营养特点有何异同？	鸭胸肉是高蛋白、低脂肪的食物，鸡胸肉含蛋白质、脂肪钾，比鸭胸肉更高，但胆固醇含量比鸭胸肉低。鸭胸肉含铁和锌远高于鸡胸肉
			铁缺乏有哪些缺乏症？	缺铁性贫血
鳜鱼 9	签条问题（每个签条 1~2 个问题）	原料	物种特征	鳜鱼是世界上一种名贵淡水鱼类。身长扁圆，尖头，大嘴，大眼，体青果绿色带金属光泽，体侧有不规则的花黑斑点，小细鳞，尾鳍截形，背鳍前半部为硬棘且有毒素，后半部为软条
			肉质特点	鳜鱼肉质细嫩丰满，肥厚鲜美，内部无胆，它肉多刺少，肉洁白细嫩，呈蒜瓣状，肉实而味鲜美，是淡水鱼中的上等食用鱼

续表

原料类别	考核内容			参考答案
鳜鱼 9	签条问题（每个签条 1~2 个问题）	卫生	鱼类的主要卫生问题	1. 生物性污染 2. 腐败变质 3. 有毒有害物质污染蓄积 4. 放射性污染 5. 天然有毒有害物质
			感官指标	眼球饱满，角膜透明（眼球光亮），鳃色鲜红，鳃丝清晰，鳃紧闭，口不张，体表有光泽，鱼鳞紧贴完整，肌肉有弹性（按压肌肉不凹陷）
		营养	简述鳜鱼的营养特点	鳜鱼含有丰富的蛋白质、磷、钾、铁、锌，也含较丰富的钙
	教师问题（每个方面 2 个问题）	原料	是否了解鳜鱼习性	鳜鱼是典型的肉食性鱼类，性凶猛
			烹饪方法	清蒸、红烧、糖醋
		卫生	鳜鱼菜肴如何存放?	热菜 63℃以上，凉菜 5℃以下
			生物性污染有哪些?	寄生虫，细菌
		营养	蛋白质有何重要生理功能?	蛋白质构成机体和生命的重要物质基础（催化作用、调节生理机能、氧的运输、肌肉收缩、支架作用、免疫作用、遗传物质），修补更新肌体组织和提供能量
			鳜鱼与鳕鱼的营养特点异同?	营养价值相似，都属于高蛋白食物，但鳕鱼脂肪含量很低，属于高蛋白低脂肪的食物。但鳜鱼中钙、铁、锌的含量要高于鳕鱼
鸭掌 10	签条问题（每个签条 1~2 个问题）	原料	原料特点	骨多，有一层韧性强而又脆嫩的皮质
			简单加工	将鸭掌洗净煮透拆去筋骨（保持掌形）
		卫生	菜肴如何存放?	热菜 63℃以上，凉菜 5℃以下
			生物性污染有哪些?	寄生虫，细菌

续表

原料类别	考核内容			参考答案
鸭掌 10	签条问题（每个签条1~2个问题）	营养	简述鸭掌的营养特点	鸭掌是高蛋白、低脂肪的食物，含胆固醇也较低，含有丰富的蛋白质、铁
	教师问题（每个方面2个问题）	原料	适宜烹饪	用来拌、烧、烩、扒均可
		卫生	腐败变质	酶和微生物在高温作用下使组织成分分解变化，蛋白质、脂肪、糖分解产物影响食品的感观性状
			新鲜肉的卫生指标	1. 感观指标：色泽、黏度、弹性、气味、肉汤 2. 理化指标 ① TVBN 测定 ② H_2S ③ pH 值 ④ 氨测定 ⑤ 过氧化值 ⑥ 球蛋白： 3. 微生物指标：不得检出致病菌，寄生虫
		营养	鸭掌蛋白营养价值如何?	属于不完全蛋白质（缺乏蛋氨酸）
			鸭掌与鸡爪营养异同?	鸭掌蛋白质含量比鸡爪丰富，但含脂肪和胆固醇比鸡爪低
对虾 11	签条问题（每个签条1~2个问题）	原料	物种特征	又称中国对虾、斑节虾。节肢动物门，甲壳纲，十足目，对虾科，对虾属
			主要生长水域	主要产于我国的渤海、黄海及朝鲜的西部沿海
		卫生	对虾的感官指标	色泽、气味正常。外壳有光泽、半透明，虾体肉质紧密，有弹性，甲壳紧密附着虾体。带头虾：头胸部和腹部联结膜不破裂。养殖虾：体色受养殖场水质影响，体表呈青黑色，色素斑点清晰明显
		营养	简述对虾的营养特点	对虾是高蛋白、低脂肪的食物，但含一定量的胆固醇，还含有丰富的磷、钾、铁、锌，较丰富的钙

续表

原料类别	考核内容			参考答案
对虾 11	教师问题（每个方面2个问题）	原料	品质鉴定	新鲜虾头体紧密相连，外壳与虾肉紧贴成一体，头足完整，虾身硬挺，有一定弯曲度，皮壳发亮、呈青白色，肉质坚实细嫩。不新鲜虾头体连接松懈，壳肉分离，头尾脱离，不能保持原有的弯曲度，失去光泽，体色变黄或红，肉质松软，虾身节间出现黑腰
			食用方法	干烧、煎炸、烹炒
		卫生	虾菜肴如何存放?	热菜63℃以上，凉菜5℃以下
		营养	与鲜贝的营养特点异同?	都是高蛋白、低脂肪的食物，含有丰富的钾、锌，同时含一定量的胆固醇。但对虾中钙、铁含量高于鲜贝，胆固醇含量也要高于鲜贝
			还有哪些食物中含有丰富的锌?	贝类、鱼类及其他海产品
猪蹄 12	签条问题（每个签条1~2个问题）	原料	原料特点	猪蹄是指猪的脚部（蹄），猪脚是猪常被人食用的部位之一，猪蹄中含有大量的胶原蛋白质，它在烹调过程中可转化成明胶。有多种不同的烹调做法
			感官要求	形周正、色白洁净、饱满有弹性、气味正常
		卫生	肉类食品的卫生问题	1. 腐败变质 2. 人畜共患传染病和寄生虫病 3. 有毒有害物质污染与残留
		营养	简述猪蹄的营养特点	含有丰富的蛋白质（胶原蛋白）和铁、锌，但同时含脂肪高和一定的胆固醇

续表

原料类别	考核内容			参考答案
猪蹄 12	教师问题（每个方面 2 个问题）	原料	食用方法	酱、卤、烧等
		卫生	后熟肉特点	A. 细嫩、柔软，有弹性，易咀嚼，易消化，感官性状良好，味道鲜美 B. 自身防腐作用 C. 肉类食品消毒方法
			虾菜肴如何存放?	热菜 63℃以上，凉菜 5℃以下
		营养	猪蹄的蛋白质属于哪类蛋白质?营养价值如何?	胶原蛋白，不完全蛋白
			还有哪些食物中含有丰富的胶原蛋白?	猪皮、鸭掌
猪肘 13	签条问题（每个签条 1~2 个问题）	原料	原料特点	猪肘子，其皮厚、筋多、胶质重、瘦肉多，常带皮烹制，肥而不腻
			选料标准	形周正、外皮洁净、饱满有弹性、气味正常
		卫生	肉类食品的卫生问题	1. 腐败变质 2. 人畜共患传染病和寄生虫病 3. 有毒有害物质污染与残留
			后熟肉特点	A. 细嫩、柔软，有弹性，易咀嚼，易消化，感官性状良好，味道鲜美 B. 自身防腐作用 C. 肉类食品消毒方法
		营养	简述猪肘的营养特点	含有丰富的蛋白质、磷、钾、铁、锌，同时还含有一定量的维生素 B_1、维生素 B_2，含有较低的胆固醇，但脂肪含量高
	教师问题（每个方面 2 个问题）	原料	清洗加工	烧、泡、刮、洗
			烹饪方法	宜烧、扒、酱、焖、卤、制汤等。如红烧肘子、菜心扒肘子、红焖肘子

续表

原料类别	考核内容			参考答案
猪肘 13	教师问题（每个方面2个问题）	卫生	腐败变质	酶和微生物在高温作用下使组织成分分解变化，蛋白质、脂肪、糖分解产物影响食品的感观性状
			新鲜肉的卫生指标	1. 感观指标：色泽、黏度、弹性、气味、肉汤 2. 理化指标 ① TVBN 测定 ② H_2S ③ pH 值 ④ 氨测定 ⑤ 过氧化值 ⑥ 球蛋白： 3. 微生物指标：不得检出致病菌，寄生虫
		营养	猪肘蛋白属于哪类蛋白质?	完全蛋白
			还有哪些动物食物中含较低的胆固醇?	瘦肉、兔肉、带鱼、鲤鱼、牛奶、奶酪等
牛奶 14	签条问题（每个签条1~2个问题）	原料	原料特征	奶牛在泌乳期分泌的乳液（常乳）
			感官特性	优质的鲜乳应具有新鲜乳固有的乳香气味，不能有异味；乳汁应为均匀无沉淀的流体，不得有杂质或泥沙存在，呈浓厚黏性状态者不能食用；鲜乳色泽应为洁白或微黄色，不应呈深黄或其他颜色
		卫生	奶的主要卫生问题	1. 腐败变质 2. 致病菌对奶的污染 3. 化学性污染 4. 掺伪
		营养	简述牛奶的营养特点	含有丰富的钙、钾，同时含有一定量的蛋白质和脂肪，胆固醇含量极低
	教师问题（每个方面2个问题）	原料	烹饪应用	直饮、面点加工、特色炒
		卫生	奶的主要卫生问题	1. 腐败变质 2. 致病菌对奶的污染 3. 化学性污染 4. 掺伪

续表

原料类别	考核内容			参考答案
牛奶 14	教师问题 （每个方面 2个问题）	营养	钙有哪些生理功能?	骨骼、牙齿的主要成分、构成混溶钙池（细胞膜的组成成分、维持应激性、维持心跳节律）、多种酶的激活剂等
			促进钙吸收的因素有哪些?	维生素D、乳糖、蛋白质、乳酸、醋酸、氨基酸等
			还有哪些食物中含有丰富的钙?	奶类、鱼虾类、豆类、芝麻酱、苋菜、油菜等
奶油 15	签条问题 （每个签条 1~2个问题）	原料	原料概念	奶油在乳制品工业上称作稀奶油，它是从鲜牛奶中分离出来的乳制品，是制作黄油的中间产物
			一般特性	奶油中主要含有脂肪、蛋白质、水分等。奶油中的脂肪含量较低，一般在15%~25%之间
		卫生	奶油外观形状	包装开封后仍保持原形，没有油外溢，表面光滑的奶油质量较好；如果变形，且油外溢、表面不平、偏斜和周围凹陷等情况则为劣质奶油
		营养	简述奶油的营养特点	奶油是含脂肪高的乳制品，蛋白质含量低，但含有丰富的维生素A、钾、锌，还含有一定量的钙
	教师问题 （每个方面 2个问题）	原料	常见品种	食品加工和烹饪中常用的有甜味奶油、淡奶油和酸牛奶
			烹饪应用	面点、西式烹调
		卫生	色泽	优质的奶油透明，呈淡黄色。否则为劣质奶油
			嗅味	优质奶油具有特殊的芳香。如果有酸味、臭味则为变质奶油
		营养	缺乏维生素A会有哪些缺乏症?	夜盲症、毕脱氏斑、上皮组织粗糙、干眼病（蟾皮症）
			还有哪些食物中含有丰富的维生素A?	各种动物肝脏、动物血、奶油、禽蛋等

续表

原料类别	考核内容			参考答案
奶酪16	签条问题（每个签条1~2个问题）	原料	原料概念	它是经先杀菌后，在凝乳酶的作用下使奶中的蛋白质（主要是酪蛋白）凝固，将凝固的酪蛋白分出，再经加热、加压成型，在微生物与酶的作用下，经过较长时间的发酵熟化等生化变化而制成的一种乳制品
			感官性状	质量好的奶酪呈白色或淡黄色，气味正常，内部组织均匀紧密无裂缝和脆硬现象，切片时整齐不碎
		卫生	奶酪的鉴别	闻起来味道一定要好。奶酪的外观要完好，包装非常紧密严实、密不透风也不好。表面不能有水珠或油滴。把干酪切开，切面看起来非常新鲜。如果切面很硬，或有裂缝，或表面长霉，通常这样意味着这块干酪已经不新鲜了
		营养	简述奶酪的营养特点	奶酪含蛋白质、钙、磷、铁、锌均丰富，胆固醇含量也低。脂肪含量高
	教师问题（每个方面2个问题）	原料	著名品种	干酪的种类很多，全世界有1000多种，因加工方法不同，制成的干酪有硬干酪、软干酪、半软干酪、多孔干酪、大孔干酪等。生产干酪比较著名的国家有法国、荷兰、意大利等，以荷兰圆形干酪最著名
			烹饪应用	西式烹饪
		卫生	气味	闻起来味道一定要好。如果奶酪有一种非常强烈的氨味，说明奶酪成熟过度
			外观	表面不能有水珠或油滴。把干酪切开，切面看起来非常新鲜。如果切面很硬，或有裂缝，或表面长霉，通常这样意味着这块干酪已经不新鲜了

续表

原料类别	考核内容			参考答案
奶酪 16	教师问题 （每个方面 2个问题）	营养	奶油最好不要跟哪些食物搭配？为什么？（即限制钙吸收的因素）	含脂肪、膳食纤维、草酸、植酸丰富的食物。如菠菜、苋菜、茭白、竹笋等
			还有哪些食物中含有丰富的钙？	奶类、鱼虾类、豆类、芝麻酱、苋菜、油菜等
西蓝花 17	签条问题 （每个签条 1~2个问题）	原料	原料科属	是甘蓝的一个变种，属十字花科草本植物
			原产地	原产于地中海沿岸
		卫生	蔬菜的化学性污染主要有哪些	1. 生活污水和工业废水中有毒有害物质对蔬菜的污染问题； 2. 农药残留问题； 3. 腐烂变质与亚硝酸盐中毒问题； 4. 滥用食品添加剂
		营养	简述西蓝花的营养特点	西兰花含有丰富的β-胡萝卜素和铁，含有较丰富的钙、维生素C和膳食纤维。在蔬菜中蛋白质含量也是较高的
	教师问题 （每个方面 2个问题）	原料	选择标准	形态饱满周正、色泽碧绿、枝干挺拔不萎蔫、无虫蛀、霉烂
			烹饪应用	炝、炒、拌、炒、烩等
		卫生	蔬菜生物性污染	1. 肠道致病菌和寄生虫卵的污染问题； 2. 霉菌及毒素污染
			蔬菜水果的卫生管理	1. 在食用蔬菜水果时要彻底冲洗漂烫消毒； 2. 人畜粪便进行无害化处理； 3. 工业污水、生活污水处理后用； 4. 限制长效残留期农药的使用； 5. 选择良好的食品保藏方法
		营养	还有哪些食物中含有丰富的β-胡萝卜素？	胡萝卜、芥蓝、荠菜、冬寒菜、盖菜、杧果等深绿黄色蔬菜和水果
			西兰花和菜花的营养特点有何不同？	西兰花含有β-胡萝卜素和钙、蛋白质要比菜花丰富，但菜花中含有丰富的钾，维生素C含量也比菜花高

续表

原料类别	考核内容			参考答案
山药 18	签条问题 （每个签条 1~2个问题）	原料	原料概况	山药为薯蓣科植物薯蓣的干燥根茎
			代表品种	“铁棍山药”其产自河南焦作温县；一种是“陈集山药”其产自山东省菏泽市陈集镇，包括“鸡皮糙山药”和“西施种子山药”；一种为“佛手山药”，产地为湖北武穴；另外，还有江西瑞昌市南阳乡的山药
		卫生	蔬菜的化学性污染主要有哪些	1. 生活污水和工业废水中有毒有害物质对蔬菜的污染问题； 2. 农药残留问题； 3. 腐烂变质与亚硝酸盐中毒问题； 4. 滥用食品添加剂
		营养	简述山药的营养特点	提供碳水化合物和丰富的钾，虽是根类蔬菜，但提供一定量的蛋白质和膳食纤维、视黄醇、维生素C、维生素B_1、维生素B_2和其他矿物质。山药多糖具有一定的药理活性
	教师问题 （每个方面 2个问题）	原料	烹饪应用	制作冷食、面食；热菜等
		卫生	蔬菜生物性污染	1. 肠道致病菌和寄生虫卵的污染问题； 2. 霉菌及毒素污染
			蔬菜水果的卫生管理	1. 在食用蔬菜水果时要彻底冲洗漂烫消毒； 2. 人畜粪便进行无害化处理； 3. 工业污水、生活污水处理后用； 4. 限制长效残留期农药的使用； 5. 选择良好的食品保藏方法
		营养	钾有何生理功能?	参与糖和蛋白质代谢、维持渗透压、维持酸碱平衡、维持心肌正常功能、维持应激性等
			还有哪些食物中含有丰富的钾?	肉类、家禽、鱼类、豆类、蔬菜、水果

续表

原料类别	考核内容			参考答案
芦笋 19	签条问题（每个签条1~2个问题）	原料	原料概况	为百合科天门冬属中能形成嫩茎的多年生宿根草本植物。又称为石刁柏、龙须菜、芦笋等
			主要食用部位	芦笋以嫩茎供食用，质地鲜嫩，风味鲜美，柔嫩可口
		卫生	蔬菜的化学性污染主要有哪些	1. 生活污水和工业废水中有毒有害物质对蔬菜的污染问题； 2. 农药残留问题； 3. 腐烂变质与亚硝酸盐中毒问题； 4. 滥用食品添加剂
		营养	简述芦笋的营养特点	在蔬菜中，其蛋白质含量是较高的，提供丰富的膳食纤维、钾、铁和较丰富的维生素C，同时含有一定量的胡萝卜素、维生素 B_1、B_2、B_6 等
	教师问题（每个方面2个问题）	原料	主要产地	20世纪初传入中国。福建、河南、陕西、安徽、四川、天津等地规模种植
			烹饪应用	清炒、制汤、配菜等
		卫生	蔬菜生物性污染	1. 肠道致病菌和寄生虫卵的污染问题； 2. 霉菌及毒素污染
			蔬菜水果的卫生管理	1. 在食用蔬菜水果时要彻底冲洗漂烫消毒； 2. 人畜粪便进行无害化处理； 3. 工业污水、生活污水处理后用； 4. 限制长效残留期农药的使用； 5. 选择良好的食品保藏方法
		营养	膳食纤维的作用？	降低血清胆固醇（螯合作用）；吸水通便，防止结肠癌（吸水作用）；改变肠道中的菌群；降低血糖水平；利于控制体重
			还有哪些食物中含有丰富的膳食纤维？	魔芋精粉、麸皮、小麦、黄豆、牛蒡、荞麦、玉米、春笋等

续表

原料类别	考核内容			参考答案
胡萝卜 20	签条问题 （每个签条 1~2个问题）	原料	原料科属	胡萝卜，是伞形科胡萝卜属的二年生草本植物
			主要品种	红、黄、白、紫等数种
		卫生	蔬菜的化学性污染主要有哪些	1. 生活污水和工业废水中有毒有害物质对蔬菜的污染问题； 2. 农药残留问题； 3. 腐烂变质与亚硝酸盐中毒问题； 4. 滥用食品添加剂
		营养	简述胡萝卜的营养特点	胡萝卜中含有丰富的β－胡萝卜素，同时提供丰富的膳食纤维和钾
	教师问题 （每个方面 2个问题）	原料	主要产地	以山东、江苏、浙江、云南、四川、陕西品种最佳
			烹饪应用	凉拌、清炒、配菜、主食等
		卫生	蔬菜生物性污染	1. 肠道致病菌和寄生虫卵的污染问题； 2. 霉菌及毒素污染
			蔬菜水果的卫生管理	1. 在食用蔬菜水果时要彻底冲洗漂烫消毒； 2. 人畜粪便进行无害化处理； 3. 工业污水、生活污水处理后用； 4. 限制长效残留期农药的使用； 5. 选择良好的食品保藏方法
		营养	β－胡萝卜素有何生理功能？	具有维生素A的生理功能，抗氧化作用，提高抗氧化酶活力、提高免疫功能、抑制肿瘤发展、减少放疗、化疗副作用
			还有哪些食物中含有丰富的β－胡萝卜素？	芥蓝、荠菜、冬寒菜、盖菜、杧果等深绿黄色蔬菜和水果

续表

原料类别	考核内容			参考答案
白萝卜21	签条问题（每个签条1~2个问题）	原料	科属	白萝卜，根茎类蔬菜，十字花科萝卜属植物
			选择标准	选购的时候要选择根茎白皙，表皮光滑，而且整体皆有弹力，带有绿叶的萝卜。此外，挑选的时候要在手里掂一下，分量较重，感觉沉甸甸的比较好。以防买到空心萝卜
		卫生	蔬菜的化学性污染主要有哪些	1. 生活污水和工业废水中有毒有害物质对蔬菜的污染问题； 2. 农药残留问题； 3. 腐烂变质与亚硝酸盐中毒问题； 4. 滥用食品添加剂
		营养	简述白萝卜的营养特点	是一种提供低能量的蔬菜，提供较低的脂肪和糖，有利于减肥。含有丰富的膳食纤维和钾，一定量的钙、维生素 C 等营养素。白萝卜还有特殊的食疗功效
	教师问题（每个方面2个问题）	原料	烹饪应用	泡菜、汆烫、烧制、馅心、配菜等
		卫生	蔬菜生物性污染	1. 肠道致病菌和寄生虫卵的污染问题； 2. 霉菌及毒素污染
			蔬菜水果的卫生管理	1. 在食用蔬菜水果时要彻底冲洗漂烫消毒； 2. 人畜粪便进行无害化处理； 3. 工业污水、生活污水处理后用； 4. 限制长效残留期农药的使用； 5. 选择良好的食品保藏方法
		营养	白萝卜和胡萝卜的营养异同	都提供丰富的膳食纤维和钾，但胡萝卜提供更丰富的 β- 胡萝卜素，白萝卜提供的能量更低，更有利于减肥
			过多食用含膳食纤维丰富的作物对身体有何影响?	体积大，会使其他营养素摄入降低；腹部不适；会降低营养物质的利用率

续表

原料类别	考核内容			参考答案
玉米粉 22	签条问题（每个签条 1~2 个问题）	原料	基本概况	玉米面没有等级之分，只有粗细之别。玉米面含有丰富的营养素，按颜色区分有黄玉米面和白玉米面各种
			品质标准	色正，不潮无霉，不结块，无虫、无絮，气味正常，无酸味
		卫生		
		营养	简述玉米粉的营养特点	含有大量淀粉和丰富的膳食纤维，作为粮谷类含有较丰富的蛋白质和脂肪，但蛋白质中色氨酸缺乏，为半完全蛋白质。脂肪大部分由单不饱和脂肪酸和多不饱和脂肪酸组成，脂肪的质量高。含有丰富的磷、钾、镁、铁等矿物质，同时含有较丰富的维生素 B_1
	教师问题（每个方面 2 个问题）	原料	烹饪应用	主食、糕点
		卫生	蔬菜生物性污染	1. 肠道致病菌和寄生虫卵的污染问题； 2. 霉菌及毒素污染
			蔬菜水果的卫生管理	1. 在食用蔬菜水果时要彻底冲洗漂烫消毒； 2. 人畜粪便进行无害化处理； 3. 工业污水、生活污水处理后用； 4. 限制长效残留期农药的使用； 5. 选择良好的食品保藏方法
		营养	食物中蛋白质分为几类，主要是根据什么来分类?	分三类，完全蛋白、半完全、不完全蛋白。是根据其中所含必需氨基酸的种类、数量及比例来分类
			如何提高玉米蛋白的营养价值?	通过蛋白质互补，如给玉米粉中添加花生粉、鸡蛋粉、大豆粉等来一起制作食物

续表

原料类别	考核内容			参考答案
洋葱 23	签条问题 （每个签条 1~2 个问题）	原料	科属	属百合科，两年生或多年生草本植物。根浅状，叶圆筒形，表面有蜡脂，叶鞘肥厚呈鳞片状，密集于短缩茎的周围，形成鳞茎叶
			主要品种	红皮、黄皮、白皮等
		卫生	蔬菜的化学性污染主要有哪些	1. 生活污水和工业废水中有毒有害物质对蔬菜的污染问题； 2. 农药残留问题； 3. 腐烂变质与亚硝酸盐中毒问题； 4. 滥用食品添加剂
		营养	简述洋葱的营养特点	洋葱含有蛋白质、碳水化合物和多种矿物质和维生素，尤其含有丰富的钾。但脂肪含量低。洋葱中还含有多种活性成分，有特殊的食疗作用
	教师问题 （每个方面 2 个问题）	原料	选择标准	以葱头肥大，外皮光泽，不烂，无机械伤和泥土，鲜葱头不带叶；经贮藏后，不松软，不抽苔，鳞片紧密，含水量少，辛辣和甜味浓的为佳
			烹饪应用	炒、拌、烩、配菜等
		卫生	蔬菜生物性污染	1. 肠道致病菌和寄生虫卵的污染问题； 2. 霉菌及毒素污染
			蔬菜水果的卫生管理	1. 在食用蔬菜水果时要彻底冲洗漂烫消毒； 2. 人畜粪便进行无害化处理； 3. 工业污水、生活污水处理后用； 4. 限制长效残留期农药的使用； 5. 选择良好的食品保藏方法
		营养	洋葱与大葱的营养异同?	洋葱与大葱的营养成分相似。但洋葱含碳水化合物高于大葱，大葱含蛋白质高于洋葱。都有特殊的风味气味物质
			哪些人群吃洋葱有利?	适宜高血压、高血脂、动脉硬化等心血管疾病、糖尿病等

续表

原料类别	考核内容			参考答案
西芹 24	签条问题（每个签条 1~2 个问题）	原料	科属	芹菜属伞形科，一、二年生草本植物，基出叶为二回羽状复叶，叶柄发达，中空或实
			原产地	芹菜原产于地中海沿岸及瑞典的沼泽地带。现在我国栽培广泛
		卫生	蔬菜的化学性污染主要有哪些	1. 生活污水和工业废水中有毒有害物质对蔬菜的污染问题； 2. 农药残留问题； 3. 腐烂变质与亚硝酸盐中毒问题； 4. 滥用食品添加剂
		营养	简述西芹的营养特点	西芹为低能量的蔬菜，提供较低的蛋白质、脂肪和糖，却含有丰富的膳食纤维有利于减肥。还含有一定量的钙和其他微量营养素
	教师问题（每个方面 2 个问题）	原料	选择标准	选购芹菜时色泽要鲜绿叶柄应是厚的，茎部稍成圆形，内侧微向内凹，这种芹菜品质为佳
			烹饪应用	凉拌、泡菜、炒食、配菜等
		卫生	蔬菜生物性污染	1. 肠道致病菌和寄生虫卵的污染问题； 2. 霉菌及毒素污染
			蔬菜水果的卫生管理	1. 在食用蔬菜水果时要彻底冲洗漂烫消毒； 2. 人畜粪便进行无害化处理； 3. 工业污水、生活污水处理后用； 4. 限制长效残留期农药的使用； 5. 选择良好的食品保藏方法
		营养	西芹与普通芹菜的营养异同?	都为低能量蔬菜，含有丰富的膳食纤维，有利于减肥。但西芹含膳食纤维更丰富。而芹菜含蛋白质、β－胡萝卜素、钙、钾、铁都比西芹丰富
			还有哪些食物中含有丰富的膳食纤维?	魔芋精粉、麸皮、小麦、黄豆、牛蒡、荞麦、玉米、春笋等

续表

原料类别	考核内容			参考答案
柿子椒 25	签条问题 （每个签条 1~2 个问题）	原料	科属	茄科，一年生草本植物，在热带为多年生灌木
			主要变种	红椒、绿椒、黄椒、白椒等
		卫生	蔬菜的化学性污染主要有哪些	1. 生活污水和工业废水中有毒有害物质对蔬菜的污染问题； 2. 农药残留问题； 3. 腐烂变质与亚硝酸盐中毒问题； 4. 滥用食品添加剂
		营养	简述柿子椒的营养特点	为低能量蔬菜，含有丰富的膳食纤维，有利于减肥。同时含有丰富的 β－胡萝卜素、钾和较丰富的维生素 C
	教师问题 （每个方面 2 个问题）	原料	选择标准	色正、无虫蛀、无溃烂、形态均匀
			烹饪应用	冷食、热炒、配菜等
		卫生	蔬菜生物性污染	1. 肠道致病菌和寄生虫卵的污染问题； 2. 霉菌及毒素污染
			蔬菜水果的卫生管理	1. 在食用蔬菜水果时要彻底冲洗漂烫消毒； 2. 人畜粪便进行无害化处理； 3. 工业污水、生活污水处理后用； 4. 限制长效残留期农药的使用； 5. 选择良好的食品保藏方法
		营养	柿子椒与尖椒的营养异同?	柿子椒与尖椒的营养特点相似，只不过尖椒还有更多的膳食纤维和钾。柿子椒含维生素 C 稍高于尖椒
			还有哪些食物中含有较丰富的维生素 C？	柑橘类、鲜枣、弥猴桃、草莓、深绿色蔬菜等

续表

原料类别	考核内容			参考答案
油菜 26	签条问题（每个签条1~2个问题）	原料	科属	油菜属十字花科，一、二年生草本植物
			原产地	中国
		卫生	蔬菜的化学性污染主要有哪些	1. 生活污水和工业废水中有毒有害物质对蔬菜的污染问题； 2. 农药残留问题； 3. 腐烂变质与亚硝酸盐中毒问题； 4. 滥用食品添加剂
		营养	简述油菜的营养特点	为低能量蔬菜，含有较丰富的膳食纤维。但在蔬菜中，蛋白质较多。含有丰富的钙、钾、铁以及 β－胡萝卜素，含有一定量的维生素 C
	教师问题（每个方面2个问题）	原料	主要变种	直立种、塌地种和菜薹种三个变种
			烹饪应用	炒、烧、配菜等
		卫生	蔬菜生物性污染	1. 肠道致病菌和寄生虫卵的污染问题； 2. 霉菌及毒素污染
			蔬菜水果的卫生管理	1. 在食用蔬菜水果时要彻底冲洗漂烫消毒； 2. 人畜粪便进行无害化处理； 3. 工业污水、生活污水处理后用； 4. 限制长效残留期农药的使用； 5. 选择良好的食品保藏方法
		营养	油菜与小白菜的营养异同?	两者营养特点相似，只是小白菜提供更多的 β－胡萝卜素、铁，而油菜提供更多的维生素 B_1、B_2、维生素 C、钙、钾
			还有哪些食物中含有丰富的 β－胡萝卜素?	胡萝卜、芥蓝、荠菜、冬寒菜、盖菜、杧果等深绿黄色蔬菜和水果

续表

原料类别	考核内容			参考答案
大白菜 27	签条问题（每个签条1~2个问题）	原料	科属	大白菜属十字花科一年或二年生草本植物。供食用部位是叶器官形成的肥嫩叶球
			原产地及变种	大白菜原产中国。形成了叶、半结球、花心和结球等四个变种
		卫生	蔬菜的化学性污染主要有哪些	1. 生活污水和工业废水中有毒有害物质对蔬菜的污染问题； 2. 农药残留问题； 3. 腐烂变质与亚硝酸盐中毒问题； 4. 滥用食品添加剂
		营养	简述白菜的营养特点	为低能量蔬菜，含脂肪和碳水化合物低，含有较丰富的膳食纤维。同时含有一定量的维生素 C、钙、钾等微量营养素
	教师问题（每个方面2个问题）	原料	选择标准	枝叶饱满，挺拔，色正，无虫蛀、烂叶、无霉心
			烹饪应用	适宜各种烹饪
		卫生	蔬菜生物性污染	1. 肠道致病菌和寄生虫卵的污染问题； 2. 霉菌及毒素污染
			蔬菜水果的卫生管理	1. 在食用蔬菜水果时要彻底冲洗漂烫消毒； 2. 人畜粪便进行无害化处理； 3. 工业污水、生活污水处理后用； 4. 限制长效残留期农药的使用； 5. 选择良好的食品保藏方法
		营养	大白菜与娃娃菜的营养异同?	营养特点相似，但娃娃菜提供更多的膳食纤维、蛋白质、钙、钾等
			还有哪些食物的营养特点与大白菜相似?	奶白菜、小白菜、鸡毛菜、娃娃菜

续表

原料类别	考核内容			参考答案
生菜 28	签条问题（每个签条 1~2 个问题）	原料	科属	属菊科，一、二年生草本植物
			原产地	菜原产于地中海沿岸，约汉代传入我国
		卫生	蔬菜的化学性污染主要有哪些	1. 生活污水和工业废水中有毒有害物质对蔬菜的污染问题； 2. 农药残留问题； 3. 腐烂变质与亚硝酸盐中毒问题； 4. 滥用食品添加剂
		营养	简述生菜的营养特点	为低能量蔬菜，含脂肪和碳水化合物低，同时含有丰富的 β－胡萝卜素和钾，也含有一定量的钙、镁、铁、维生素 C 等
	教师问题（每个方面 2 个问题）	原料	主要品种	按其形态可分为团生菜和花叶生菜。按其颜色不同可分为青口、白口、青白口、淡紫、赤褐等
			烹饪应用	生食、热炒、配菜
		卫生	蔬菜生物性污染	1. 肠道致病菌和寄生虫卵的污染问题； 2. 霉菌及毒素污染
			蔬菜水果的卫生管理	1. 在食用蔬菜水果时要彻底冲洗漂烫消毒； 2. 人畜粪便进行无害化处理； 3. 工业污水、生活污水处理后用； 4. 限制长效残留期农药的使用； 5. 选择良好的食品保藏方法
		营养	生菜与油麦菜的营养异同	营养特点相似。但生菜提供更多的 β－胡萝卜素和钾，而油麦菜提供较多的钙和铁
			还有哪些食物中含有丰富的钾？	肉类、鱼类、豆类、蔬菜、水果

续表

原料类别	考核内容			参考答案
韭菜29	签条问题（每个签条1~2个问题）	原料	科属	属百合科多年生宿根植物
			原产地	中国
		卫生	蔬菜的化学性污染主要有哪些	1. 生活污水和工业废水中有毒有害物质对蔬菜的污染问题； 2. 农药残留问题； 3. 腐烂变质与亚硝酸盐中毒问题； 4. 滥用食品添加剂
		营养	简述韭菜的营养特点	为低能量蔬菜，含有丰富的膳食纤维，有利于减肥。同时含有丰富的 β－胡萝卜素、钾和铁，还含有一定量的维生素 B_1、B_2、维生素 C。在蔬菜中蛋白质含量相对较高
	教师问题（每个方面2个问题）	原料	品种	盖韭、敞韭、冷韭、青韭和黄韭
			烹饪应用	配菜、热炒、配菜、馅心等
		卫生	蔬菜生物性污染	1. 肠道致病菌和寄生虫卵的污染问题； 2. 霉菌及毒素污染
			蔬菜水果的卫生管理	1. 在食用蔬菜水果时要彻底冲洗漂烫消毒； 2. 人畜粪便进行无害化处理； 3. 工业污水、生活污水处理后用； 4. 限制长效残留期农药的使用； 5. 选择良好的食品保藏方法
		营养	韭菜中铁的吸收率高吗？为什么？	不高，一则韭菜中的铁属于非血红素铁，二则韭菜中含有丰富的膳食纤维抑制铁的吸收
			韭菜与韭黄的营养异同？	营养特点很相似，但韭黄中的 β－胡萝卜素远低于韭菜，钙和钾也低于韭菜

续表

原料类别	考核内容			参考答案
香菇 30	签条问题 （每个签条 1~2个问题）	原料	科属	香菇属伞菌目白蘑科香菇属
			选择标准	香菇应以菇伞肥厚，伞缘曲收，内侧为乳白色，皱褶明显，菇柄短而粗，菇苞未开且菇肉厚实者较为美味。有些菇面呈裂开状，购买时应认清其裂痕是否为天然生成，若是人为切割则非天然生成的
		卫生	蔬菜的化学性污染主要有哪些	1. 生活污水和工业废水中有毒有害物质对蔬菜的污染问题； 2. 农药残留问题； 3. 腐烂变质与亚硝酸盐中毒问题； 4. 滥用食品添加剂
		营养	简述香菇的营养特点	为低能量菌类，含有丰富的膳食纤维，有利于减肥。在蔬菜和菌类中，蛋白质含量相对较高，其氨基酸种类较丰富。同时含有各种微量营养素。除此之外，还含有香菇多糖等活性物质，有增强免疫能力、降血压等作用
	教师问题 （每个方面 2个问题）	原料	主要品种	冬菇、花菇、平菇、厚菇
			烹饪应用	焖、烧、配菜等
		卫生	蔬菜生物性污染	1. 肠道致病菌和寄生虫卵的污染问题； 2. 霉菌及毒素污染
			蔬菜水果的卫生管理	1. 在食用蔬菜水果时要彻底冲洗漂烫消毒； 2. 人畜粪便进行无害化处理； 3. 工业污水、生活污水处理后用； 4. 限制长效残留期农药的使用； 5. 选择良好的食品保藏方法
		营养	膳食纤维的作用？	降低血清胆固醇（螯合作用）；吸水通便，防止结肠癌（吸水作用）；改变肠道中的菌群；降低血糖水平；利于控制体重
			还有哪些食物中含有丰富的膳食纤维？	魔芋精粉、麸皮、小麦、黄豆、牛蒡、荞麦、玉米、春笋

续表

原料类别	考核内容			参考答案
荸荠 31	签条问题 （每个签条 1~2 个问题）	原料	科属	属沙草科多年生草本植物。以球茎做蔬菜食用
			质感特征	荸荠皮色紫黑，肉质洁白，味甜多汁，清脆可口，自古有地下雪梨之美誉
		卫生	蔬菜的化学性污染主要有哪些	1. 生活污水和工业废水中有毒有害物质对蔬菜的污染问题； 2. 农药残留问题； 3. 腐烂变质与亚硝酸盐中毒问题； 4. 滥用食品添加剂
		营养	简述荸荠的营养特点	荸荠中含有较丰富的蛋白质、碳水化合物和膳食纤维，含钾丰富。荸荠中因含有特殊的成分，有着特殊的食疗作用（清热、杀菌）
	教师问题 （每个方面 2 个问题）	原料	烹饪应用	炒、熘、爆、烧、拌、配菜等
		卫生	蔬菜生物性污染	1. 肠道致病菌和寄生虫卵的污染问题； 2. 霉菌及毒素污染
			蔬菜水果的卫生管理	1. 在食用蔬菜水果时要彻底冲洗漂烫消毒； 2. 人畜粪便进行无害化处理； 3. 工业污水、生活污水处理后用； 4. 限制长效残留期农药的使用； 5. 选择良好的食品保藏方法
		营养	碳水化合物有何作用？	1. 最主要作用是供能； 2. 构成机体组织； 3. 抗生酮作用和节约蛋白质作用； 4. 保护肝脏和解毒作用； 5. 增强胃肠道功能，促进消化
			哪些食物中含有丰富的碳水化合物？	粮谷类、薯类、杂豆类、根类蔬菜

续表

原料类别	考核内容			参考答案
猕猴桃 32	签条问题 （每个签条 1~2 个问题）	原料	科属	属猕猴桃科，猕猴桃属的落汁灌木藤本植物
			原产地	猕猴桃原产中国，是世界上的一种新兴水果
		卫生	水果的化学性污染主要有哪些?	1. 生活污水和工业废水中有毒有害物质对蔬菜的污染问题； 2. 农药残留问题； 3. 腐烂变质与亚硝酸盐中毒问题； 4. 滥用食品添加剂
		营养	简述猕猴桃的营养特点	提供丰富的碳水化合物、有机酸、膳食纤维和钾，维生素C含量也较丰富
	教师问题 （每个方面 2 个问题）	原料	选择标准	色艳形正，不霉不烂，选猕猴桃一定要选头尖尖的，像只小鸡嘴巴的，而不要选扁扁的像鸭子嘴巴的那种
			餐饮应用	鲜食、配菜、点缀
		卫生	水果生物性污染	1. 肠道致病菌和寄生虫卵的污染问题； 2. 霉菌及毒素污染
			蔬菜水果的卫生管理	1. 在食用蔬菜水果时要彻底冲洗漂烫消毒； 2. 人畜粪便进行无害化处理； 3. 工业污水、生活污水处理后用； 4. 限制长效残留期农药的使用； 5. 选择良好的食品保藏方法
		营养	维生素C有何作用?	1. 维生素C参与机体重要的氧化还原过程； 2. 保护酶的活性； 3. 维持牙齿、骨骼、血管、肌肉的正常发育和功能； 4. 提高免疫力； 5. 解毒作用，阻断致癌物质亚硝胺的形成； 6. 促进铁的吸收
			还有哪些食物中含有较丰富的维生素C？	柑橘类、鲜枣、弥猴桃、草莓、深绿色蔬菜等

续表

原料类别	考核内容			参考答案
熏干 33	签条问题（每个签条1~2个问题）	原料	基本知识	是豆腐干，用松木屑燃烧的烟熏过，表面呈棕红色，本身具有淡淡的松香味
			选择标准	色茶黄，有光泽，质地紧密结实，无裂纹，无损伤、无霉黑
		卫生	烟熏食品的主要卫生问题	多环芳烃特别是B（a）p污染、加热不充分寄生虫不能被杀灭
			食品过程中B（a）p污染	1. 食品成分在烹调加工时经高温热解或热聚形成，温度>400℃，食品中脂肪含量高； 2. 食品在烘烤或熏制时直接受到污染； 3. 加工环节的污染； 4. 植物和微生物可合成微量多环芳烃
		营养	简述熏干的营养特点	熏干营养素含量丰富，含有丰富的蛋白质、钙、铁、锌、钠、磷、钾、镁等
	教师问题（每个方面2个问题）	原料	烹饪应用	多用于配菜
		卫生	B（a）p的危害	急性毒性：中等或低毒性； 遗传毒性：PAH大多数具有遗传毒性或可疑遗传毒性； 致癌性：其中26个PAH具有致癌或可疑致癌性
			B（a）p食品污染来源	1. 废气和烟尘等污染；2. 工业废水；3. 食品过程中污染
		营养	熏干蛋白的氨基酸组成中，与参考蛋白相比较，缺乏最多的一类称什么氨基酸？具体是哪一种氨基酸？	限制氨基酸 蛋氨酸
			熏干如何搭配，能够提高其蛋白质营养价值？	与肉类、鸡蛋同炒，起蛋白质互补作用

续表

原料类别	考核内容			参考答案
北豆腐 34	签条问题（每个签条 1~2 个问题）	原料	原料概况	豆浆煮开后加入盐卤，使凝结成块，压去一部分水分而成，比南豆腐水分少而硬
			选择标准	优质豆腐呈均匀的乳白色或淡黄色，稍有光泽。块形完整，软硬适度，富有一定的弹性，质地细嫩，结构均匀，无杂质。具有豆腐特有的香味。口感细腻鲜嫩、味道醇正、清香
		卫生	吊白块对人体的危害	120℃下分解产生甲醛、二氧化硫和硫化氢等有毒气体。吊白块水溶液在 60℃以上就开始分解出有害物质
			豆类中的天然有毒有害物质	蛋白酶抑制剂（protease inhibitor，PI），植物红细胞凝集血素，胀气因子，皂甙等
		营养	简述北豆腐的营养特点	北豆腐是营养丰富的原料，含有丰富的蛋白质、钙、铁、磷、钾。含有一定量的脂肪，但脂肪中大部分由单不饱和脂肪酸和多不饱和脂肪酸组成。也含有一定量的膳食纤维和维生素 B 族等
	教师问题（每个方面 2 个问题）	原料	主要品种	按凝固剂不同划分为卤水豆腐和石膏豆腐
			烹饪应用	烧、烹、煎、炸、炖、煮、烩、焖、配菜等
		卫生	简述“吊白块”	化学名称为二水合次硫酸氢钠甲醛或二水甲醛合次硫酸氢钠，为半透明白色结晶或小块，易溶于水。高温下具有极强的还原性，有漂白作用。120℃下分解产生甲醛、二氧化硫和硫化氢等有毒气体。吊白块水溶液在 60℃以上就开始分解出有害物质
			黄曲霉毒素在豆制品中的含量不能超过多少？	豆类、发酵制品 <5ppb

续表

原料类别	考核内容			参考答案
北豆腐 34	教师问题 （每个方面 2个问题）	营养	北豆腐与南豆腐的营养异同?	营养相似，但因南豆腐中水分含量大，所以南豆腐中各种营养素含量相对比北豆腐低
			如何评价北豆腐中蛋白质的营养价值?	从四个方面：1. 北豆腐中蛋白质含量丰富。2. 北豆腐中的蛋白质属于完全蛋白。3. 北豆腐的消化率高。4. 北豆腐的生理价值较高，综合结论是北豆腐中的蛋白质营养价值高

第五章　菜点推荐考核

一、考核目的

检验学生是否熟悉常见菜点的主料种类、制作方法和风味特点，能否正确分析常见菜肴的营养特点，根据菜肴的营养特点推荐给适宜的人群。检验学生现场推荐菜肴的能力。

二、考核方法

现场抽签与现场回答两种形式结合。

1. 学生根据抽签菜肴，回答抽签上的内容。（10 分钟）

2. 考官根据学生的回答，进行相关问题的提问。（5 分钟）

三、考核要求

1. 每位学生考核时间不超过 25 分钟。

2. 未抽签的学生不得进入考场。

3. 学生提前 5 分钟抽签，进入考场准备。

四、考核地点

教室

五、考核内容与评分表

1. 抽签内容

蚝油牛肉、宫保鸡丁、鱼香肉丝、菠萝咕噜肉、糖醋鱼片、软炸蔬菜、脆皮香酥鸡腿、叉烧酱烤鸡翅、鸡蓉粟米羹、麻婆豆腐、红酒烩牛肉、焗牡蛎、咸肉塔、奶汁烤鱼、意大利面配波兰酱、豌豆汤、水波蛋、炸鱼柳、黑胡椒牛排、绿胡椒鱼排、花色蒸饺、火腿花卷、椰蓉盏、果酱蛋糕卷、八宝饭、枣花酥、叉烧酥、玉米面菜团子、甜卷裹、南瓜饼

2. 考核表

表 5-1　过程考核三　评分表

抽签内容：			
被考核人：		考核日期：	
考核内容		评分标准	得分
菜肴用料（15 分）	学生根据签条回答情况	参照参考答案 0～15 分	
烹饪方法与烹饪工艺（20 分）	学生根据签条回答情况	参照参考答案 0～20 分	
菜肴感官特点（15 分）	学生根据签条回答情况	参照参考答案 0～15 分	
菜品营养特点与推荐（30 分）	学生根据签条回答情况	参照参考答案 0～15 分	
	教师提问回答情况	参照参考答案 0～15 分	
菜品客前服务与注意事项（20 分）	教师提问回答情况	参照参考答案 0～20 分	
合计			
考官签名			

六、考核题库与参考答案

表 5-2　过程考核三　抽签题库与参考答案

<table>
<tr><th>菜点名称</th><th colspan="3">考核内容</th><th>参考答案</th></tr>
<tr><td rowspan="10">1
蚝油牛肉</td><td rowspan="6">签条问题
（每个签条
4~5 个问题）</td><td rowspan="2">用料</td><td>主料是什么？</td><td>新鲜精瘦牛肉</td></tr>
<tr><td>辅料是什么？</td><td>青椒、葱头</td></tr>
<tr><td rowspan="2">烹饪</td><td>烹饪方法与工艺</td><td>滑炒</td></tr>
<tr><td>菜肴
风味特点</td><td>成品口味香辣浓郁咸鲜微有甜酸，鸡肉柔软滑嫩，花生米酥脆香浓，颜色呈棕红色，有少量红色油脂渗出，芡汁紧紧包裹原料。成品酱汁黏稠清亮、呈微黄色、红黄绿色相间</td></tr>
<tr><td rowspan="2">营养</td><td>该菜品的主要营养特点有哪些？</td><td>该菜肴是一道荤素搭配营养较丰富的菜肴，含有较丰富蛋白质、磷、锌，因搭配了芦笋、青椒等原料，使得该菜肴含有较丰富的维生素 C，还含有一定量的钾、维生素 E、铁等。同时该菜肴脂肪含量和胆固醇含量不高</td></tr>
<tr><td>该菜品适宜人群有哪些？</td><td>该菜肴适宜多种人群，老人、儿童、减肥人群、高血压患者、高脂血症患者均可常选用</td></tr>
<tr><td rowspan="4">教师问题
（每个方面
2 个问题）</td><td colspan="2">菜品客前服务
注意事项</td><td>事先了解客情，尤其是注意印度、泰国、太平洋岛国等信仰印度教、拜物教的人群忌食。趁热服务，问顾客有无忌口，能够吃辣的</td></tr>
<tr><td rowspan="3">菜品
营养
分析与
推荐</td><td>该菜品有哪些不适宜的人群？</td><td>素食主义、虔诚的佛教、印度教信徒，基督教周末一般忌食。因为白胡椒粉中有点微辣，所以不适宜乳母和幼儿食用</td></tr>
<tr><td>烹调方法对菜品营养的影响</td><td>采用苏打上浆的牛肉，可能影响胃液的酸碱平衡，消弱维生素的活性</td></tr>
<tr><td>建议搭配</td><td>应该搭配口味清淡的素菜或者凉菜，尽量避免搭配腌制品、海产品、甲壳类等含钠元素丰富的菜品</td></tr>
</table>

续表

菜点名称	考核内容			参考答案
2 宫保鸡丁	签条问题（每个签条4~5个问题）	用料	主料是什么?	鸡肉
			辅料是什么?	去皮花生米
		烹饪	烹饪方法与工艺	滑炒
			菜肴风味特点	成品口味香辣浓郁咸鲜微有甜酸，鸡肉柔软滑嫩，花生米酥脆香浓，颜色呈棕红色，有少量红色油脂渗出，芡汁紧紧包裹原料。成品酱汁黏稠清亮、呈微黄色、红黄绿色相间
		营养	该菜品的主要营养特点?	该菜肴提供丰富的蛋白质、维生素E，以及较丰富的磷、铁、钾、膳食纤维、维生素A，同时也提供一定量的维生素B_2、锌等。丰富的蛋白质来源既来自于动物又有来自于植物，做到了蛋白质互补，该菜肴蛋白质营养价值较高。但该菜肴脂肪和钠含量均较高，烹饪时需注意减少烹饪用油和调味品的使用量
			该菜品适宜人群有哪些?	该菜肴适宜多种人群，非常适合正在生长发育的儿童、老年人食用，孕中后期妇女以及乳母也非常适宜。高温工作者可适当多选用，以增强对热的耐受力。菜肴经常用脑的人群也宜经常选用
	教师问题（每个方面2个问题）	菜品客前服务注意事项		事先了解客情，尤其是素食主义人群忌食，北方气温干燥，春夏季节少食，有人对鸡肉敏感排斥
		菜品营养分析与推荐	该菜品有哪些不适宜的人群?	菜品辛辣，有肠胃疾病的患者应少食或不食，也不适宜乳母、儿童食用。菜品中含有大量的钠和脂肪，心脑疾病患者、高血压、减肥患者应少食
			建议搭配	低蛋白质，低脂肪的食物，含维生素C较高的水果和蔬菜

续表

<table>
<tr><th>菜点名称</th><th colspan="3">考核内容</th><th>参考答案</th></tr>
<tr><td rowspan="10">3
鱼香肉丝</td><td rowspan="6">签条问题
（每个签条4~5个问题）</td><td rowspan="2">用料</td><td>主料是什么?</td><td>通脊肉</td></tr>
<tr><td>辅料是什么?</td><td>冬笋、木耳</td></tr>
<tr><td rowspan="2">烹饪</td><td>烹饪方法与工艺</td><td>滑炒</td></tr>
<tr><td>菜肴
风味特点</td><td>菜品整体形态丰满突出，口味香辣咸甜微酸细嫩爽脆，肉丝细嫩芳香，酱汁黏稠明亮色泽红润，红黄绿色相间</td></tr>
<tr><td rowspan="2">营养</td><td>该菜品的主要营养特点?</td><td>该菜肴是一道蛋白质较丰富且低胆固醇、脂肪含量不高的荤菜类菜肴，含有丰富的维生素E、铁和较丰富的维生素B_1，还含有一定量的锌、钾、磷和膳食纤维。虽然膳食纤维的存在不利于铁吸收，但较丰富的蛋白质和维生素A的存在促进铁的吸收。不足之处是该菜肴提供钠太高，其原因与采用的多种调味品有关，宜降低盐、酱油和辣酱的使用</td></tr>
<tr><td>该菜品适宜人群有哪些?</td><td>该菜肴适宜多种人群，老年人、孕妇、减肥人群、贫血患者均宜食用</td></tr>
<tr><td rowspan="3">教师问题
（每个方面2个问题）</td><td colspan="2">菜品客前服务注意事项</td><td>询问客人是否有忌口</td></tr>
<tr><td rowspan="2">菜品营养分析与推荐</td><td>该菜品有哪些不适宜的人群?</td><td>因含有辣味而不适宜乳母、儿童食用。因含钠高，也不适宜高血压患者食用，如能降低钠的含量，因含有丰富的钾和优质蛋白质，较适宜高血压患者食用</td></tr>
<tr><td>烹调方法对菜品营养的影响</td><td>因主料上浆，主料中的易受热损失的维生素B_1、B_2损失较少，同时因上浆，主料中丰富的矿物质不易溶出而得到保留</td></tr>
</table>

续表

<table>
<tr><th>菜点名称</th><th colspan="3">考核内容</th><th>参考答案</th></tr>
<tr><td rowspan="9">4
菠萝
咕噜肉</td><td rowspan="6">签条问题
（每个签条
4~5个问题）</td><td rowspan="2">用料</td><td>主料是什么？</td><td>新鲜猪夹心肉</td></tr>
<tr><td>辅料是什么？</td><td>净菠萝片</td></tr>
<tr><td rowspan="2">烹饪</td><td>烹饪方法与工艺</td><td>炸、熘</td></tr>
<tr><td>菜肴
风味特点</td><td>颜色红润光亮，口味香辣咸甜酸，形体完整美观</td></tr>
<tr><td rowspan="2">营养</td><td>该菜品的主要营养特点？</td><td>该菜肴因采用了油炸的熟处理烹饪方法，致使该菜肴提供的能量高和脂肪含量高。该菜肴含有丰富的维生素E，同时也提供一定量的蛋白质、碳水化合物、铁、锌等</td></tr>
<tr><td>该菜品适宜人群有哪些？</td><td>该菜肴适宜普通成年人群食用。重体力劳动者也可适量选用</td></tr>
<tr><td rowspan="3">教师问题
（每个方面
2个问题）</td><td colspan="2">菜品客前服务
注意事项</td><td>趁热服务，询问客人是否有忌口</td></tr>
<tr><td rowspan="2">菜品
营养
分析与
推荐</td><td>该菜品有哪些不适宜的人群？</td><td>该菜肴能量高、脂肪高，营养密度相对较低，减肥人群不宜选用</td></tr>
<tr><td>建议搭配</td><td>此菜肴中蛋白质丰富，应摄入含维生素B_6的食物，如大豆、花生米、马铃薯、甘薯、辣椒、韭菜、甘蓝、西兰花、橘子、香蕉等</td></tr>
<tr><td rowspan="4">5
糖醋鱼片</td><td rowspan="4">签条问题
（每个签条
4~5个问题）</td><td rowspan="2">用料</td><td>主料是什么？</td><td>鲜活草鱼</td></tr>
<tr><td>辅料是什么？</td><td>—</td></tr>
<tr><td rowspan="2">烹饪</td><td>烹饪方法与工艺</td><td>炸、熘</td></tr>
<tr><td>菜肴
风味特点</td><td>整体丰满突出，口味甜酸咸香，色泽金黄明亮，质感外焦里嫩，餐盘中有少量的汁液，酱汁黏稠透明，光洁明亮</td></tr>
</table>

续表

菜点名称	考核内容			参考答案
5 糖醋鱼片	签条问题 （每个签条 4~5个问题）	营养	该菜品的主要营养特点？	鱼类是高蛋白、低脂肪的食材。但该菜肴因采用了油炸的熟处理烹饪方法，致使该菜肴提供能量高和脂肪含量高。该菜肴含有丰富的维生素E，较丰富的蛋白质、铁、磷和一定量的碳水化合物、钾、锌等
			该菜品适宜人群有哪些？	该菜肴非常适宜正在生长发育的儿童食用，重体力劳动者以及低温工作者也可适当选用
	教师问题 （每个方面 2个问题）	菜品客前服务注意事项		趁热服务上桌，是否有忌口，糖的用量
		菜品营养分析与推荐	该菜品有哪些不适宜的人群	该菜肴因提供能量高、脂肪含量高，高脂血症患者应慎选用，老年人也宜少用
			建议搭配	维生素C丰富的蔬菜、水果，也可以搭配果汁
6 软炸蔬菜	签条问题 （每个签条 4~5个问题）	用料	主料是什么？	香椿
			辅料是什么？	红绿椒、茄子等
		烹饪	烹饪方法与工艺	酥炸
			菜肴风味特点	成品口味咸鲜清香，糊层酥脆
		营养	该菜品的主要营养特点？	该菜肴经过油炸熟处理，使得该菜肴中的维生素C损失较多，同时脂肪含量增高，提供能量增加。该菜肴除提供丰富的维生素E外，还提供较丰富的铁和一定量蛋白质、膳食纤维、钙、钾、磷、锌、维生素A等
			该菜品适宜人群有哪些？	该菜肴适合普通成年人群食用，同时将蔬菜经过软炸后，虽损失部分维生素C和B族维生素，但使得口感更易于儿童接受，补充儿童易缺乏的膳食纤维、维生素A、钙、铁等。所以该菜肴非常适宜儿童食用

续表

菜点名称	考核内容			参考答案
6 软炸蔬菜	教师问题 （每个方面 2 个问题）	菜品客前服务注意事项		—
		菜品营养分析与推荐	该菜品有哪些不适宜的人群？	该菜肴提供较高的脂肪和钠，高血压患者要少选用
			建议搭配	菜品中蛋白质含量低，应搭配一些高蛋白，低脂肪的食物。如瘦肉、乳制品、蛋类、鱼类等
7 脆皮 香酥鸡腿	签条问题 （每个签条 4~5 个问题）	用料	主料是什么？	通脊肉
			辅料是什么？	冬笋、木耳
		烹饪	烹饪方法与工艺	酥炸
			菜肴风味特点	颜色金黄，口感酥脆，口味咸鲜浓香醇厚
		营养	该菜品的主要营养特点？	该菜肴因采用了油炸的熟处理烹饪方法，致使该菜肴提供能量高和脂肪含量高。该菜肴含有丰富的维生素 E，同时也提供较丰富的蛋白质、磷、铁以及一定量的碳水化合物、钾、锌、维生素 B_2 等
			该菜品适宜人群有哪些？	该菜肴适宜普通成年人群食用。也适于儿童、重体力劳动者也可适量选用
	教师问题 （每个方面 2 个问题）	菜品客前服务注意事项		—
		菜品营养分析与推荐	该菜品有哪些不适宜的人群？	该菜肴能量高、脂肪高，营养密度相对较低，减肥人群不宜选用。同时因使用调味品较多，钠含量高，高血压患者应慎用
			建议搭配	搭配富含膳食纤维高的蔬菜，尤其是绿叶菜。以及富含维生素 C 的食物，以减少胆固醇的吸收

续表

菜点名称	考核内容			参考答案
8 叉烧 酱烤鸡翅	签条问题 （每个签条 4~5 个问题）	用料	主料是什么？	新鲜鸡翅中
			辅料是什么？	—
		烹饪	烹饪方法与工艺	酱烤
			菜肴 风味特点	颜色红润光亮，肉质感柔软细嫩，口味咸鲜香甜醇厚
		营养	该菜品的主要营养特点？	该菜肴提供丰富的铁、维生素 E 以及较丰富的蛋白质、钾、磷、锌，同时也提供一定量的碳水化合物、膳食纤维、维生素 B_2 等。但因该菜肴使用了多种调味品，致使菜肴含钠太高
			该菜品适宜人群有哪些？	该菜肴适宜多种人群食用。非常适宜儿童、孕妇。重体力劳动者也可适量选用。该菜肴在荤菜类别中属于脂肪与胆固醇含量均不高的菜肴，高脂血症的患者也可少量选用，以补充蛋白质、铁、锌等营养素的不足
		菜品客前服务注意事项		—
	教师问题 （每个方面 2 个问题）	菜品营养分析与推荐	该菜品有哪些不适宜的人群？	钠含量高，高血压患者如食用应尽量不使用调味品
			建议搭配	因为含有较高的胆固醇，所以应该搭配含膳食纤维丰富的食物，来降低胆固醇
9 鸡蓉 粟米羹	签条问题 （每个签条 4~5 个问题）	用料	主料是什么？	甜玉米粒
			辅料是什么？	胡萝卜、绿色豌豆
		烹饪	烹饪方法与工艺	烩
			菜肴 风味特点	口味咸鲜微甜，清香黏滑浓稠，汤汁黏稠清亮

续表

菜点名称	考核内容			参考答案
9 鸡蓉 粟米羹	签条问题 （每个签条 4~5 个问题）	营养	该菜品的主要营养特点？	该菜肴在羹类菜肴中属于营养较全面，营养密度高的菜肴。该菜肴含有丰富的铁、膳食纤维和较丰富的蛋白质、碳水化合物、维生素 A、维生素 E，同时也提供一定量的钾、磷等
			该菜品适宜人群有哪些？	该菜肴适宜多种人群食用。孕妇、乳母、老年人均适宜选用。因含脂肪较低，减肥人群、高脂血症患者均可常选用
	教师问题 （每个方面 2 个问题）	菜品客前服务注意事项		—
		菜品营养分析与推荐	该菜品有哪些不适宜的人群？	该菜肴使用调味品较多，高血压患者慎用
			建议搭配	一些含有维生素 C、维生素 E、膳食纤维丰富的食物。丰富的维生素 C 能够促进对铁的吸收
10 麻婆豆腐	签条问题 （每个签条 4~5 个问题）	用料	主料是什么？	新鲜南豆腐
			辅料是什么？	牛肉末、青蒜或细香葱
		烹饪	烹饪方法与工艺	辣烧
			菜肴 风味特点	豆腐形体完整无破碎，口感细腻光滑。成品菜肴口味浓香辣麻咸鲜微甜，调味酱汁颜色红润明亮，有少量油脂析出，调味酱汁较为黏稠，菜肴汤汁温度要保持在 90℃ ~ 100℃
		营养	该菜品的主要营养特点？	该菜肴是营养密度较高的菜肴，除含有较丰富的蛋白质外，还含有丰富的铁和维生素 E 以及较丰富的磷、钾，和一定量的膳食纤维、维生素 A 和锌。因菜肴中有较丰富的蛋白质和一定量的维生素 A 存在，使得该菜肴中铁的吸收率较高。不足之处是该菜肴提供钠太高，其原因与采用的多种调味品有关，宜降低盐、酱油和辣酱的使用
			该菜品适宜人群有哪些？	该菜肴适宜多种人群食用，非常适合减肥人群、高脂血症人群食用。老年人、孕妇也适宜选用

续表

菜点名称	考核内容			参考答案
10 麻婆豆腐	教师问题 （每个方面 2个问题）	菜品客前服务 注意事项		—
		菜品 营养 分析与 推荐	该菜品有哪些不适宜的人群?	因含有辣味而不适宜乳母、儿童食用。因含钠高，也不适宜高血压患者食用
			建议搭配	搭配一些含有维生素C的食物一起食用
11 红酒 烩牛肉	签条问题 （每个签条 4~5个问题）	用料	主料是什么?	牛肉
			辅料是什么?	咸肉、口蘑、小洋葱
		烹饪	烹饪方法与工艺	烩、炒。 1. 把所需要提味的香料胡萝卜和洋葱切成小块； 2. 锅中放入植物油，加入切成块状的牛肉，直到炒上色。加入提味用的胡萝卜和洋葱，加入面粉。打开烤箱温度设置为180℃； 3. 把面粉搅拌均匀。加入红葡萄酒（最好是勃艮第葡萄酒），煮开后加入棕色基础汤。加入蒜和香草料束。盖盖放入烤箱，大约2小时即可； 4. 在这期间，锅中放入少许黄油，炒小洋葱，加入少许牛棕基础汤，煮干上色； 5. 咸猪肉切成条放入开水焯。焯好后过滤。放入不粘锅中干炒上色后，取出。再放入切成丁的口蘑，炒制数分钟； 6. 牛肉在烤制的过程中，时不时地要搅拌，避免过低黏稠。到时后取出。把牛肉块取出，放到干净的锅中。剩下的汤汁过滤到牛肉块中。再加入炒好的咸肉、小洋葱和口蘑，加热调味，当汁变浓稠即可； 7. 装盘，热食
			菜肴 风味特点	菜品风味突出，颜色棕红，红酒味道浓郁，牛肉质地软烂

续表

<table>
<tr><th>菜点名称</th><th colspan="3">考核内容</th><th>参考答案</th></tr>
<tr><td rowspan="5">11
红酒
烩牛肉</td><td rowspan="2">签条问题
（每个签条
4~5 个问题）</td><td rowspan="2">营养</td><td>该菜品的主要营养特点？</td><td>该菜肴营养较全面，营养密度高。该菜肴含有较丰富的蛋白质、维生素 E、磷、铁、锌、钾，同时也提供一定量的维生素 A、维生素 B_2 等</td></tr>
<tr><td>该菜品适宜人群有哪些？</td><td>该菜肴适宜多种人群食用。儿童、孕妇、乳母、老年人均适宜。因含能量相对较低，脂肪含量不高，非常适宜减肥人群选用。高脂血症、高血压患者也可经常选用</td></tr>
<tr><td rowspan="3">教师问题
（每个方面
2 个问题）</td><td colspan="2">菜品客前服务注意事项</td><td>热食</td></tr>
<tr><td rowspan="2">菜品
营养
分析与
推荐</td><td>该菜品有哪些不适宜的人群？</td><td>—</td></tr>
<tr><td>建议搭配</td><td>由于本菜品维生素 C 含量不高，所以建议搭配富含维生素 C 的蔬菜，丰富的维生素 C 可以促进胆固醇在体内的降解</td></tr>
<tr><td rowspan="3">12
焗牡蛎</td><td rowspan="3">签条问题
（每个签条
4~5 个问题）</td><td rowspan="2">用料</td><td>主料是什么？</td><td>生蚝</td></tr>
<tr><td>辅料是什么？</td><td>干葱、面包屑、黄油</td></tr>
<tr><td>烹饪</td><td>烹饪方法与工艺</td><td>焗烤。
1. 锅中放干白，干葱碎，少量的盐，胡椒粉，炒 3~5 分钟，放生蚝。成熟后，再将其放回壳内，码放好；
2. 黄油馅：热黄油变软，把干葱碎、法香碎、蒜碎、面包渣混合拌匀。加盐、胡椒粉；
3. 黄油馅涂抹在生蚝表面，撒上一层面包渣。放到焗炉上焗上色即可；
4. 另：A. 生蚝去壳，壳煮消毒。B. 黄油炒洋葱末，放酒收汁，加入鱼基础汤放入生蚝，香料束，调味。取出生蚝，保留汁过滤</td></tr>
</table>

续表

菜点名称	考核内容			参考答案
12 焗牡蛎	签条问题（每个签条4~5个问题）	烹饪	烹饪方法与工艺	1. 黄油炒洋葱末，放干白，收汁，加入口蘑碎，调味，再加法香末； 2. 黄油炒洋葱末，加干白，加鱼汤，加炒面糊，过滤，调味。加入炒口蘑碎； 3. 表面放荷兰汁，加入打发的奶油，焗上颜色即可
			菜肴风味特点	菜品态保持生蚝整体形态，表面色泽金黄，口味鲜香，黄油味道浓郁
		营养	该菜品的主要营养特点？	该菜肴营养较全面，营养密度高。该菜肴含有丰富的铁和锌，较丰富的蛋白质、钙、磷同时也提供一定量的钾、维生素A、维生素B_2等
			该菜品适宜人群有哪些？	该菜肴适宜多种人群食用。尤其适宜儿童、孕妇、乳母等食用。老年人、高血压患者也可适量选用
	教师问题（每个方面2个问题）	菜品客前服务注意事项		热食
		菜品营养分析与推荐	该菜品有哪些不适宜的人群？	该菜肴胆固醇含量较高，高脂血症患者应慎选用
			建议搭配	建议搭配膳食纤维含量丰富的食物，减少脂肪和胆固醇的吸收
13 咸肉塔	签条问题（每个签条4~5个问题）	用料	主料是什么？	咸肉、面粉
			辅料是什么？	大葱、黄油、奶油、鸡蛋

续表

菜点名称	考核内容			参考答案
13 咸肉塔	签条问题 （每个签条 4~5个问题）	烹饪	烹饪方法与工艺	烤。 1. 将面粉、黄油和鸡蛋混合揉成面团。放入冰箱醒置10分钟； 2. 将咸肉切成小条，放入锅中炒熟，同时加入大葱碎，炒香； 3. 将和好的混酥面团从冰箱取出，擀成片，放在塔模具中，铺平。倒入炒好的咸肉； 4. 再将奶油中加入盐和胡椒粉，再倒入咸肉中，表面撒上奶酪碎； 5. 放入烤箱内，温度为180℃，烤制30～40分钟
			菜肴 风味特点	菜品通常为饼形，表面色泽金黄，奶香味足，口感酥软相间
		营养	该菜品的主要营养特点?	该菜肴提供的能量和脂肪含量高，同时胆固醇含量也较高。但同时该菜肴也含有丰富的维生素E和较丰富的蛋白质、钾、维生素A、维生素B_1、磷以及一定量的维生素B_2、铁、锌等
			该菜品适宜人群有哪些?	该菜肴适宜普通成年人群食用。青少年儿童也可适量选用。低温工作者和重体力劳动者适宜选用
	教师问题 （每个方面 2个问题）	菜品客前服务 注意事项		热食或冷食均可，热食避免烫嘴
		菜品 营养 分析与 推荐	该菜品有哪些不适宜的人群?	该菜肴能量高、脂肪高、胆固醇含量较高，高脂血症患者慎食用。减肥人群也应少用
			建议搭配	建议搭配膳食纤维和维生素C含量丰富的食物

续表

<table>
<tr><th>菜点名称</th><th colspan="3">考核内容</th><th>参考答案</th></tr>
<tr><td rowspan="9">14
奶汁烤鱼</td><td rowspan="6">签条问题
（每个签条
4~5个问题）</td><td rowspan="2">用料</td><td>主料是什么？</td><td>鲷鱼</td></tr>
<tr><td>辅料是什么？</td><td>土豆、西红柿、鸡蛋、口蘑</td></tr>
<tr><td rowspan="2">烹饪</td><td>烹饪方法与工艺</td><td>烤。
1. 煮土豆，鸡蛋，西红柿切片；
2. 鱼用黄油煎上色；
3. 在烤鱼盘上浇上一层奶油少司，上面放鱼片，周围放土豆，西红柿，蘑菇片，再浇上奶油少司，撒上奶酪碎，放入烤箱烤上色</td></tr>
<tr><td>菜肴
风味特点</td><td>菜品整体被奶油少司覆盖，表面奶酪色泽金黄，带有焦糖色斑点，味道咸鲜，奶油味浓郁</td></tr>
<tr><td rowspan="2">营养</td><td>该菜品的主要营养特点？</td><td>该菜肴营养较全面，营养密度高。该菜肴含有丰富的维生素A、磷和较丰富的蛋白质、钙、钾，同时也提供一定量的铁、维生素 B_2 等</td></tr>
<tr><td>该菜品适宜人群有哪些？</td><td>该菜肴适宜多种人群食用。尤其适宜儿童、孕妇、乳母等食用。电脑工作者可常选用。老年人、高血压患者也可适量选用</td></tr>
<tr><td rowspan="3">教师问题
（每个方面
2个问题）</td><td colspan="2">菜品客前服务
注意事项</td><td>热食，但避免烫嘴</td></tr>
<tr><td rowspan="2">菜品
营养
分析与
推荐</td><td>该菜品有哪些不适宜的人群？</td><td>—</td></tr>
<tr><td>推荐搭配</td><td>增加一些维生素C、维生素E的摄入量，来促进对铁的吸收。还应该搭配一些富含膳食纤维的食物，做到荤素搭配</td></tr>
</table>

续表

菜点名称	考核内容			参考答案
15 意大利面 配波兰酱	签条问题 （每个签条 4~5个问题）	用料	主料是什么？	意大利面
			辅料是什么？	牛肉馅、番茄、奶酪、杂香草
		烹饪	烹饪方法与工艺	煮。 1. 将锅中倒入橄榄油，放入牛肉馅，炒香后，加入洋葱碎、胡萝卜碎和芹菜碎； 2. 炒制数分钟后，加入番茄酱，杂香草，煮开后改小火，煮制1小时左右； 3. 放盐、胡椒粉和辣酱油调味； 4. 在开水锅中加入少许盐，放入意大利面，煮10分钟，捞出后装盘； 5. 在意大利面上浇一层波兰牛肉酱，表面撒上奶酪碎即可
			菜肴 风味特点	菜品色泽以红色为主，配以干酪碎，口味以番茄酸味为主，带有浓香的牛肉味道和香草味道
		营养	该菜品的主要营养特点？	该菜肴营养较全面，既搭配了肉类、蔬菜等副食，又搭配了谷类主食，满足多方面的营养需求。既提供较丰富的蛋白质、磷、钾、铁、锌，同时也提供碳水化合物和一定量的维生素E。同时该菜肴含脂肪低，胆固醇、钠的含量均较低
			该菜品适宜人群有哪些？	适宜多种人群食用。尤其因脂肪、胆固醇含量低，非常适宜高脂血症病人，同时钠含量不高，钾含量较丰富，也适宜高血压患者食用。减肥人群也非常适合
	教师问题 （每个方面 2个问题）	菜品客前服务 注意事项		热食
		菜品 营养 分析与 推荐	该菜品有哪些不适宜的人群？	—
			建议搭配	搭配一些含钙丰富的食物，例如虾皮、乳制品

续表

菜点名称	考核内容			参考答案
16 豌豆汤	签条问题 （每个签条 4~5个问题）	用料	主料是什么?	豌豆
			辅料是什么?	鸡汤、面包片、奶油
		烹饪	烹饪方法与工艺	煮。 1.煮白色鸡基础汤； 2.干葱碎和黄油炒香，放豌豆，炒5～6分钟，加面粉炒制，加白色鸡基础汤，将豌豆煮烂即可； 3.将其放入打碎机，过滤； 4.倒入锅中，上火煮开，加入奶油，调味； 5.装盘后表面撒上烤面包丁
			菜肴 风味特点	菜品为绿色，与奶油白色搭配，豌豆味道浓郁
		营养	该菜品的主要营养特点?	该菜肴虽然属于汤类菜肴，但是个营养全面的菜肴，提供能量较高。除提供丰富的维生素A、维生素E外，还提供较丰富的蛋白质、磷、钾、维生素B_1以及一定量的碳水化合物、铁、锌
			该菜品适宜人群有哪些?	该菜肴适宜人群较多，非常适宜正在生长发育的儿童、孕中后期妇女以及乳母食用。因提供丰富的维生素A、钾、维生素B_1等，高温工作者也非常适合食用
	教师问题 （每个方面 2个问题）	菜品客前服务注意事项		热食
		菜品 营养 分析与 推荐	该菜品有哪些不适宜的人群?	因为菜品中含有较高的脂肪，所以不太适宜肥胖患者经常食用
			建议搭配	应该搭配一些含有维生素E、膳食纤维丰富的食物，因为菜品中含钙量低，所以应搭配富含钙的食物，如蛋类、禽类

续表

菜点名称	考核内容			参考答案
17 水波蛋	签条问题（每个签条4~5个问题）	用料	主料是什么？	鸡蛋
			辅料是什么？	菠菜、蛋黄、黄油
		烹饪	烹饪方法与工艺	煮。 1. 锅中放黄油，炒菠菜，盐胡椒调味，炒软即可； 2. 锅中放水，放醋，微沸后放入鸡蛋，煮制 2 ~ 3 分钟后，捞出放入冷水； 3. 做荷兰少司： 黄油融化，待用。鸡蛋和柠檬汁，水混合，搅拌，加融化的黄油。盐胡椒粉调味即可； 4. 菠菜上放鸡蛋，浇上少司
			菜肴风味特点	菜品中鸡蛋内部呈溏心，口味清淡、蛋香浓郁
		营养	该菜品的主要营养特点？	该菜肴是个营养较全面的菜肴，提供较丰富的维生素 A、维生素 E、维生素 C 和磷，适合正常人群适量食用。因含胆固醇高，不建议大量食用
			该菜品适宜人群有哪些？	因提供较高的能量，适宜运动员及重体力劳动者选用
	教师问题（每个方面2个问题）	菜品客前服务注意事项		热食
		菜品营养分析与推荐	该菜品有哪些不适宜的人群？	该菜肴脂肪高、胆固醇高，高脂血症人群慎用
			建议搭配	搭配一些富含不饱和脂肪酸、维生素 C、维生素 E 和膳食纤维的食物

续表

菜点名称	考核内容			参考答案
18 炸鱼柳	签条问题 （每个签条 4~5个问题）	用料	主料是什么？	鲷鱼肉
			辅料是什么？	薯条、鸡蛋、面包屑、柠檬
		烹饪	烹饪方法 与工艺	炸。 1. 将鱼肉切成宽条，撒入盐和胡椒粉腌制10分钟左右； 2. 将鱼条表面拍上一层薄面，然后蘸上蛋液，再用面包屑将其包裹均匀； 3. 将包裹好的面包屑的鱼条放入油锅中，温度在180℃左右，炸制2~3分钟。捞出后，沥干油，放在吸油纸上，吸干油后装盘； 4. 炸完鱼条后，炸制薯条，将其配在炸鱼条旁边，佐番茄沙司或马乃司酱即可
			菜肴 风味特点	菜品整体形态以条形为主，色泽金黄，口感外酥里嫩
		营养	该菜品的主要营养特点有哪些？	该菜肴因采用了油炸的熟处理烹饪方法，致使该菜肴提供能量高和脂肪含量高。该菜肴含有丰富的蛋白质、磷和维生素E，比较丰富的、钙、铁、钾以及一定量的碳水化合物、维生素A、维生素B_2、锌等
			该菜品适宜人群有哪些？	该菜肴适宜重体力劳动者及正在生长发育的儿童食用
	教师问题 （每个方面 2个问题）	菜品客前服务注意事项		立即热食。配番茄沙司或蛋黄酱
		菜品 营养 分析与 推荐	该菜品有哪些不适宜的人群？	因脂肪和能量高，肥胖患者少用
			建议搭配	可搭配富含维生素B_6的食物以促进蛋白质的吸收。建议搭配一些含有膳食纤维高的蔬菜，尤其是绿叶菜，以及维生素C含量丰富的食物，以减少胆固醇的摄入量

续表

菜点名称	考核内容			参考答案
19 黑胡椒 牛排	签条问题 （每个签条 4~5个问题）	用料	主料是什么？	牛里脊
			辅料是什么？	土豆、荷兰豆
		烹饪	烹饪方法与工艺	煎。 1. 牛里脊，用盐，胡椒粉腌，两面撒上黑胡椒碎； 2. 锅中放白兰地，着火，加干白，收汁，加入基础汤，继续收汁，加入奶油，收汁变稠，过滤，放入黄油碎； 3. 土豆、胡萝卜削成橄榄形，煮熟。荷兰豆焯熟，过冷水； 4. 肉扒上放两片黄油香草片。配上蔬菜，周围浇上黑胡椒少司。另外，牛肉可以剁成末，和洋葱末，香料，鸡蛋，做成圆形饼状
			菜肴 风味特点	菜品整体主配菜清晰，黑胡椒少司味道浓，肉排成熟度适合要求，肉质软嫩
		营养	该菜品的主要营养特点？	该菜肴荤素搭配，营养全面，提供丰富的蛋白质，以及较丰富的磷、铁、锌、钾，同时也提供一定量的维生素E和钾等。同时脂肪含量不高、胆固醇含量较低
			该菜品适宜人群有哪些？	该菜肴适宜人群较多，儿童、青少年、老年人均适宜。因该菜肴含磷和锌较丰富，对儿童、脑力工作者尤为适宜。减肥人群、高血压患者、高脂血症患者均可选用
	教师问题 （每个方面 2个问题）	菜品客前服务 注意事项		热食。询问顾客需要的肉排成熟度
		菜品 营养 分析与 推荐	该菜品有哪些不适宜的人群？	—
			建议搭配	该菜品含膳食纤维和维生素C较低，可搭配含维生素C丰富的蔬菜或水果

续表

菜点名称	考核内容			参考答案
20 绿胡椒鱼排	签条问题（每个签条4~5个问题）	用料	主料是什么？	净鱼肉
			辅料是什么？	番茄、胡萝卜、茄子
		烹饪	烹饪方法与工艺	煎。 1. 锅中放黄油，融化后，加干葱碎，炒2分钟。加入白兰地，干白和鱼基础汤，一半的绿胡椒，蒸发剩四分之一后过滤； 2. 加入奶油，煮4~5分钟，直到变稠，再加入剩下的绿胡椒，保温； 3. 煎锅放橄榄油，煎鱼柳，3~4分钟，放入盘中，浇汁，用法香叶装饰； 4. 西红柿片和西葫芦片，撒香草，橄榄油烤做配菜； 5. 或西红柿，西葫芦，茄子丁，用黄油炒，调味，放到圆形模具中，成型； 6. 炸西红柿皮做装饰
			菜肴风味特点	菜品整体形态突出，口味鲜香，肉质软嫩，奶油味道十足
		营养	该菜品的主要营养特点？	该菜肴提供较丰富的蛋白质、维生素B_1、维生素E、磷，同时也提供一定量的碳水化合物、维生素A、维生素B_2、锌等
			该菜品适宜人群有哪些？	该菜肴适宜人群较多，适宜运动员和重体力劳动者食用、正在生长发育的儿童食用，孕中后期妇女以及乳母也适宜
		菜品客前服务注意事项		热食
	教师问题（每个方面2个问题）	菜品营养分析与推荐	该菜品有哪些不适宜的人群？	由于该菜肴使用了一定的奶油和黄油，使该菜肴提供的能量和脂肪较高，减肥人群和高脂血症患者要少用
			建议搭配	搭配一些含不饱和脂肪酸、维生素C、维生素E较高的食物，可以降低胆固醇的吸收

续表

菜点名称	考核内容			参考答案
21 花色蒸饺	签条问题 （每个签条1~2个问题）	原料	主料是什么？	面粉、热水
			辅料是什么？	猪肉馅、水发香菇、冬笋
		烹饪	烹饪方法与工艺	1. 制馅； 2. 备装饰料。鸡蛋煮熟，蛋黄过罗。油菜取叶、胡萝卜切片、木耳水发后分别在沸水中略焯过凉，再分别剁碎，分别点香油、盐拌均匀； 3. 和面。面粉热水和成烫面； 4. 成型。面皮包馅； 5. 熟制。将生坯摆入笼屉，上蒸锅用旺火蒸熟
			菜品 感官特点	项目评价标准： 1. 成品形状：形态端正，不破皮，不掉底； 2. 成品质感：馅嫩、皮柔、皮薄馅大； 3. 成品色泽：包皮色白、呈半透明状； 4. 成品口味：馅心香醇
		营养	该菜品的主要营养特点？	该面点是个主辅食搭配较全面的面点，既考虑到色泽搭配，又考虑荤素营养搭配。该面点提供较丰富的维生素A、维生素E，又提供一定量的蛋白质、磷、铁、维生素B_2、碳水化合物、膳食纤维、维生素C等，提供营养较全面
			该菜品适宜人群有哪些？	该面点适宜人群较多，既适合挑食不爱吃蔬菜的儿童，又适宜牙齿不好的老年人以补充部分膳食纤维与维生素C
	教师问题 （每个方面2个问题）	原料	菜品客前服务注意事项	1. 该成品必须趁热食用； 2. 如以竹屉上桌待客，竹屉下要垫盘子
		菜品营养分析与推荐	该菜品有哪些不适宜的人群？	—
			建议搭配	可搭配富含钙和维生素C、维生素B等微量元素的蔬菜或禽肉类

续表

<table>
<tr><th>菜点名称</th><th colspan="3">考核内容</th><th>参考答案</th></tr>
<tr><td rowspan="10">22
火腿花卷</td><td rowspan="7">签条问题
（每个签条
1~2个问题）</td><td rowspan="2">原料</td><td>主料是什么？</td><td>面粉、酵母、泡打粉、白糖、清水</td></tr>
<tr><td>辅料是什么？</td><td>方火腿或香肠</td></tr>
<tr><td rowspan="2">烹饪</td><td>烹饪方法与工艺</td><td>1. 和面。面粉、泡打粉、酵母、白糖，分次放入清水和成面坯；
2. 火腿加工。将方火腿用刀切成0.5cm×8cm的长方形条备用；
3. 成型。面坯长条均匀地缠绕在火腿条上；
4. 成熟。上蒸锅蒸20分钟</td></tr>
<tr><td>菜品
感官特点</td><td>项目评价标准：
1. 成品形状：面条间距均匀，粗细一致，面条不散、不脱落、不开裂；
2. 成品颜色：白色、和谐；
3. 成品质感：柔韧暄软；
4. 成品口味：微甜肉香</td></tr>
<tr><td rowspan="2">营养</td><td>该菜品的主要营养特点？</td><td>火腿花卷含有高蛋白质、高脂肪和较高胆固醇。铁、锌含量丰富，磷、钾含量较丰富，并含有一定量的维生素E、维生素B_1。丰富的蛋白质可以促进铁的吸收。脂肪、胆固醇和钠主要来自于火腿肠</td></tr>
<tr><td>该菜品适宜人群有哪些？</td><td>一般人群适用</td></tr>
<tr><td>原料</td><td>菜品客前服务注意事项</td><td>该成品必须趁热食用</td></tr>
<tr><td rowspan="3">教师问题
（每个方面
2个问题）</td><td rowspan="2">菜品
营养
分析与
推荐</td><td>该菜品有哪些不适宜的人群？</td><td>—</td></tr>
<tr><td>建议搭配</td><td>由于本菜品高钠，建议搭配口味清淡的富含维生素C的青菜，维生素C能促进本菜品铁元素的吸收</td></tr>
</table>

续表

菜点名称	考核内容			参考答案
23 椰蓉盏	签条问题 （每个签条 1~2个问题）	原料	主料是什么?	面粉、白糖、黄油、鸡蛋、泡打粉
			辅料是什么?	椰蓉、白糖、黄油、鸡蛋、牛奶
		烹饪	烹饪方法与工艺	1. 拌馅。将椰蓉放在干净的盆中，再加入白糖、大油、鸡蛋、牛奶，将全部原料拌匀拌透； 2. 和面。将面粉、泡打粉、白糖、黄油、鸡蛋，和成松酥面； 3. 成型。将松酥面轻轻捏入菊花盏中； 4. 上馅。用小勺将拌好的椰蓉馅放入盏碗内，再将盏碗放在烤盘中； 5. 熟制。烤熟； 6. 装盘。去掉菊花盏
			菜品 感官特点	项目评价标准： 1. 成品形状：与菊花盏同型，不散碎、不破边； 2. 成品色泽：面坯金黄，馅心蛋黄； 3. 成品质感：外皮疏松，馅心松软，不良、不干硬； 4. 成品口味：甘甜、有浓郁的椰奶香味
		营养	该菜品的主要营养特点?	该点心因在制作时使用了较多大油，致使该点心含脂肪高，提供能量高。该面点除提供丰富的维生素E外，还提供较丰富的碳水化合物、蛋白质、磷、铁以及一定量的膳食纤维、钾、锌、维生素B_1、维生素B_2等
			该菜品适宜人群有哪些?	一般人群适用。但因各有益营养素INQ值均低于1，因而经常食用或者多食无益。该点心适宜普通成年人群食用，也适宜青少年儿童选用。重体力劳动者也可适量选用

续表

菜点名称	考核内容			参考答案
23 椰蓉盏	教师问题 （每个方面 2个问题）	原料	菜品客前服务注意事项	第一，装盘整齐； 第二，在热菜、汤之后，水果之前上桌
		菜品营养分析与推荐	该菜品有哪些不适宜的人群?	此面点还含有一定量的胆固醇，同时脂肪含量高，老年人、高脂血症患者应慎选用
			烹调方法对菜品营养的影响	建议搭配富含膳食纤维和维生素C的食物，有利于减少胆固醇的摄入
24 果酱 蛋糕卷	签条问题 （每个签条 1~2个问题）	原料	主料是什么?	鸡蛋、绵白糖、面粉、蛋糕油
			辅料是什么?	果酱或奶油
		烹饪	烹饪方法与工艺	1. 和面。将鸡蛋、绵白糖、面粉搅打成蛋糕糊； 2. 成熟。将面糊倒入烤盘内，烤制成熟； 3. 成型。蛋糕片抹果酱卷成筒。斜刀切斜片
			菜品感官特点	项目评价标准： 1. 成品形状：圆形片状； 2. 成品色泽：蛋黄色、果酱色相间； 3. 成品质感：口感绵软； 4. 成品口味：微甜，有浓郁的蛋香、果酱香味
		营养	该菜品的主要营养特点?	此道点心制作中使用了大量鸡蛋，因而含有丰富的蛋白质、维生素A、核黄素、铁和磷，以及较丰富的钙、硫胺素、锌和钾。同时，脂肪含量较高，胆固醇含量极高
			该菜品适宜人群有哪些?	丰富的蛋白质可以促进对铁的吸收，缺铁性疾病患者建议食用。因为含有丰富的蛋白质和微量元素，因而青少年可推荐食用

续表

菜点名称	考核内容			参考答案
24 果酱 蛋糕卷	教师问题 （每个方面 2个问题）	原料	菜品客前服务注意事项	1. 该点心常温食用； 2. 上餐后，于水果前上桌
		菜品 营养 分析与 推荐	该菜品有哪些不适宜的人群？	高脂肪和胆固醇不适于患有心血管疾病的人群和减肥人群多食
			建议搭配	建议搭配含有膳食纤维及维生素C的食物，有利于减少胆固醇的摄入，但是要注意膳食纤维多会影响铁和钙的吸收
25 八宝饭	签条问题 （每个签条 1~2个问题）	原料	主料是什么？	糯米、水、大油、白糖
			辅料是什么？	辅助原料：豆沙馅、干果、白糖、桂花酱
		烹饪	烹饪方法与工艺	1. 熟制饭坯。将糯米蒸熟。拌入大油、白糖； 2. 成型。米饭包入豆沙馅成团，放入碗内； 3. 复加热。开餐前，将小碗放入笼屉中蒸热，反扣于盘内，拿去碗； 4. 勾芡浇汁。水、白糖烧开，倒入桂花酱，勾入适量水淀粉成玻璃芡，浇在盘子中的八宝饭上
			菜品 感官特点	项目评价标准： 1. 成品形状：随成器形状、图案清晰； 2. 成品色泽：白底嵌花，晶莹剔透、玻璃芡明亮； 3. 成品质感：软、糯、滑； 4. 成品口味：微甜，果脯、干果、豆沙味香
		营养	该菜品的主要营养特点？	八宝饭除作为主食提供丰富的碳水化合物外，还含有丰富的铁元素，以及一定量的蛋白质、磷、钾等
			该菜品适宜人群有哪些？	一般人群均可食用

续表

菜点名称	考核内容			参考答案
25 八宝饭	教师问题 （每个方面 2 个问题）	原料	菜品客前服务注意事项	1. 八宝饭表面的芡汁是上桌前现浇的，此程序不可缺少； 2. 八宝饭一般提前预制，上桌前需重新蒸透，此程序不可缺少；3. 配公勺上桌
		菜品营养分析与推荐	该菜品有哪些不适宜的人群？	由于八宝饭含糖量很高，糖尿病人和血糖高的病人禁食。而且由于糯米极柔黏，难以消化，脾胃虚弱者不宜多食，即老人、小孩或病人宜慎用
			建议搭配	搭配含有富含蛋白质和维生素 C 的食物可以促进铁的吸收，搭配富含膳食纤维的食物可以促进胃肠蠕动，帮助消化
26 枣花酥	签条问题 （每个签条 1~2 个问题）	原料	主料是什么？	水油面：面粉、水、大油； 干油酥：面粉、大油
			辅料是什么？	豆沙馅
		烹饪	烹饪方法与工艺	1. 和干油酥。将面粉、大油擦透为干油酥； 2. 和水油面。面粉、水、大油经揉擦、摔打成团； 3. 开酥：水油面六成，包干油酥四成，擀开再折叠成三层，再次擀成长方形薄片，然后卷成条； 4. 成型。将开好酥的条揪剂子，用面杖擀成皮，包入豆沙馅，封口后用掌跟按扁，用小刀等间距在边缘切口共 N 瓣，将瓣拧转 90°，在中心部分点染黄色蛋液，码入烤盘； 5. 成熟：入烤箱 180℃烤熟
			菜品 感官特点	项目评价标准： 1. 成品形状：与菊花盏同型，不散碎、不破边； 2. 成品色泽：面坯金黄，馅心蛋黄； 3. 成品质感：外皮疏松，馅心松软，不艮、不干硬； 4. 成品口味：甘甜、有浓郁的椰奶香味

续表

菜点名称	考核内容			参考答案
26 枣花酥	签条问题（每个签条1~2个问题）	营养	该菜品的主要营养特点?	此点心除可作为主食提供部分能量外，还含有较丰富的蛋白质，且脂肪、胆固醇含量均较少。同时含有较丰富的铁、维生素 B_1、磷和钾
			该菜品适宜人群有哪些?	一般人群均可食用，但因各营养素 INQ 值均低于 1，因而经常食用或者多食无益
	教师问题（每个方面2个问题）	原料	菜品客前服务注意事项	1. 装盘整齐； 2. 在热菜、汤之后，水果之前上桌
		菜品营养分析与推荐	该菜品有哪些不适宜的人群?	—
			搭配建议	可配合一些富含维生素 C 和膳食纤维的食物一同食用，如柠檬、柑橘或在配方中添加黄豆。在制作点心时，应尝试少使用大油
27 叉烧酥	签条问题（每个签条1~2个问题）	原料	主料是什么?	蛋水面：低筋粉、高筋粉、砂糖、鸡蛋、猪油、牛油香粉、清水适量； 油酥：低筋粉、牛油香粉、黄油、猪油
			辅料是什么?	叉烧肉、叉烧芡汁
		烹饪	烹饪方法与工艺	1. 和蛋水面。面粉、砂糖、鸡蛋、猪油、清水和成面团； 2. 和油酥。面粉、黄油和成油酥； 3. 叠“三三四”成酥皮。切 7cm 见方片； 4. 成型。将叉烧馅放酥皮中间，将酥皮对折呈长方条形，封口均匀摆放在烤盘中； 5. 熟制。烤熟
			菜品感官特点	项目评价标准： 1. 成品形状：呈长方形、酥层清晰； 2. 成品色泽：金黄明亮； 3. 成品质感：馅汁浓郁、脆松酥化； 4. 成品口味：咸甜适口

续表

菜点名称	考核内容			参考答案
27 叉烧酥	签条问题 （每个签条 1~2个问题）	营养	该菜品的主要营养特点有哪些？	该面点因使用了大量大油和黄油，因而是脂肪含量高且提供高能量的面点。该面点含有丰富的维生素E和较丰富的蛋白质、碳水化合物、维生素B_1、磷、铁，以及一定量的钾、锌等
			该菜品适宜人群有哪些？	一般人群、青少年均可食用。该面点适宜重体力工作者、低温工作者选用。但由于含有一定量的脂肪和胆固醇，且各营养成分的INQ值均低于1，经常食用或者多吃无益
	教师问题 （每个方面 2个问题）	原料	菜品客前服务注意事项	1. 避免与水直接接触； 2. 避免与热气直接接触
		菜品营养分析与推荐	该菜品有哪些不适宜的人群？	肥胖、高脂血症的人群应慎选用
			推荐搭配	可做零食，搭配其他富含蛋白质等营养成分的食物
28 玉米面菜团子	签条问题 （每个签条 1~2个问题）	原料	主料是什么？	玉米面、小苏打
			辅料是什么？	肥瘦肉馅、胡萝卜
		烹饪	烹饪方法与工艺	1. 和面。将玉米面、小苏打，清水和成面坯； 2. 制馅。萝卜、肉馅经调味制成馅； 3. 成型。玉米面坯包入馅心。生坯呈团状，将菜团生坯整齐地码在屉上； 4. 成熟。将菜团子生坯入蒸箱，旺火蒸15分钟
			菜品感官特点	项目评价标准： 1. 成品形状：呈团状。不塌、不扁； 2. 馅心软硬：馅内含水但不散。不柴、不干硬； 3. 成品质感：皮、馅暄软。表皮不干、不硬； 4. 成品口味：薄皮大馅、咸鲜适口

续表

<table>
<tr><th>菜点名称</th><th colspan="3">考核内容</th><th>参考答案</th></tr>
<tr><td rowspan="6">28
玉米面
菜团子</td><td rowspan="2">签条问题
（每个签条
1~2 个问题）</td><td rowspan="2">营养</td><td>该菜品的主要营养特点？</td><td>蛋白质含量丰富，胆固醇含量低，但脂肪含量较高，膳食纤维和维生素 A 含量丰富，并含有一定量的钾、磷等。同时，钠含量偏高</td></tr>
<tr><td>该菜品适宜人群有哪些？</td><td>建议青少年、老年人和糖尿病患者经常食用。因维生素 A 含量丰富，眼疾患者可以适当食用。但烹调时应注意控制盐等咸味调料的使用</td></tr>
<tr><td rowspan="3">教师问题
（每个方面
2 个问题）</td><td>原料</td><td>菜品客前服务注意事项</td><td>1. 该面点需热食，必须趁热上桌；
2. 可与热菜、热汤同时上桌</td></tr>
<tr><td rowspan="2">菜品
营养
分析与
推荐</td><td>该菜品有哪些不适宜的人群？</td><td>—</td></tr>
<tr><td>建议搭配</td><td>搭配绿色新鲜蔬菜，补充维生素等</td></tr>
<tr></tr>
<tr><td rowspan="3">29
甜卷裹</td><td rowspan="3">签条问题
（每个签条
1~2 个问题）</td><td rowspan="2">原料</td><td>主料是什么？</td><td>山药、大枣、青梅、桃仁、面粉、淀粉、水</td></tr>
<tr><td>辅料是什么？</td><td>京糕、白糖</td></tr>
<tr><td>烹饪</td><td>烹饪方法与工艺</td><td>1. 和面。山药、枣、桃仁、青梅、面粉、淀粉、水和成浓稠的浆粒状面坯；
2. 成熟。笼屉上铺屉布，将原料全部倒入笼屉，大火蒸 15 ~ 20 分钟至山药熟透；
3. 成型。将面坯做成“Δ形”条；
4. 复熟。油锅上火烧 200℃，将晾凉变硬的卷裹坯切成 20cm 的长段，下油锅炸成金黄色捞出，再顶刀切成 2cm 厚的三角形小块；
5. 装盘。卷裹块平码在盘子中，在表面撒上京糕丝、白糖即成</td></tr>
</table>

续表

菜点名称	考核内容			参考答案
29 甜卷裹	签条问题 （每个签条 1~2 个问题）	烹饪	菜品 感官特点	项目评价标准： 1. 成品形状：呈正三角形块状，不散； 2. 成品色泽：白绿红相间，色泽鲜明； 3. 成品质感：松软； 4. 成品口味：微甜，有浓郁的山药、大枣的香气
		营养	该菜品的主要营养特点?	该面点经过油炸处理后，能量和脂肪增高，致使该面点营养密度下降。提供丰富的维生素 E 以及提供较丰富的碳水化合物、铁，还有一定量的钾、磷、锌以及维生素 B_1 等
			该菜品适宜人群有哪些?	该点心适宜普通人群。儿童、老年人也可适当选择食用
	教师问题 （每个方面 2 个问题）	原料	菜品客前服务注意事项	甜卷裹上桌时即可以“糖蘸”，也可以“糖熘”。 1. 糖蘸是将炸好的卷裹块码入盘中后，撒上白糖、京糕丝； 2. 糖熘是将炸好的卷裹块用糖浆熘制后装盘
		菜品 营养 分析与 推荐	该菜品有哪些不适宜的人群?	糖尿病患者食用时需酌情减少糖的用量。该点心虽不含胆固醇，但因油炸后脂肪含量增加，高脂血症患者要少用
			推荐搭配	可搭配一些蛋白质含量丰富的食物，例如鱼类、肉类、豆制品等
30 南瓜饼	签条问题 （每个签条 1~2 个问题）	原料	主料是什么?	糯米粉，澄粉，南瓜，白糖，桂花酱，黄油
			辅料是什么?	莲蓉馅

续表

菜点名称	考核内容			参考答案
30 南瓜饼	签条问题 （每个签条 1~2个问题）	烹饪	烹饪方法与工艺	1. 和面。南瓜蒸熟。与黄油、糯米粉、澄粉、白糖、桂花酱搓擦成面坯； 2. 上馅。用面坯包入白莲蓉馅，装入模具中； 3. 熟制。蒸熟
			菜品 感官特点	项目评价标准： 1. 成品形状：与模具形状相同，棱角分明，图案清晰； 2. 成品色泽：色泽金黄、半透明、明亮； 3. 成品质感：柔韧、软糯、微黏； 4. 成品口味：微甜，有浓郁的南瓜香气
		营养	该菜品的主要营养特点？	该面点因使用油脂较多，因而提供能量高、脂肪含量高，营养密度相对较低。该面点提供较丰富的碳水化合物、维生素E和铁、磷以及一定量的钾、磷和锌
			该菜品适宜人群有哪些？	一般人群适用，也不适宜重体力工作者、低温工作者选用
	教师问题 （每个方面 2个问题）	原料	菜品客前服务注意事项	1. 此点应趁热上桌，才能保证软、糯、黏的品质特征； 2. 由于此款点心较黏，因而装盘时应一次到位； 3. 此款点心也可在蒸熟后，再次煎熟
		菜品 营养 分析与 推荐	该菜品有哪些不适宜的人群？	糯米粉黏腻，难以消化，脾胃虚弱者不宜多食，即老人、小孩和病后消化力弱者忌食，糖尿病患者慎食。肥胖、高脂血症的人群应慎选用
			建议搭配	搭配富含膳食纤维的食物可以促进胃肠蠕动，帮助消化

责任编辑：谯　洁
责任印制：冯冬青
封面设计：中文天地

图书在版编目（CIP）数据

精品菜点实践手册 / 旅游管理职业教育等级分级改革课题组编. -- 北京：中国旅游出版社，2015.8

ISBN 978-7-5032-5362-1

Ⅰ.①精… Ⅱ.①旅… Ⅲ.①菜谱 Ⅳ.①TS972.12

中国版本图书馆CIP数据核字（2015）第154723号

书　　名：精品菜点实践手册

编　　著：旅游管理职业教育等级分级改革课题组
出版发行：中国旅游出版社
（北京建国门内大街甲9号　邮编：100005）
http://www.cttp.net.cn　E-mail:cttp@cnta.gov.cn
发行部电话：010-85166503
经　　销：全国各地新华书店
印　　刷：河北省三河市灵山红旗印刷厂
版　　次：2015年8月第1版　2015年8月第1次印刷
开　　本：787毫米×1092毫米　1/16
印　　张：14.75
字　　数：187千
定　　价：32.00元
I S B N　978-7-5032-5362-1